westermann

Sebastian Kroll, Volker Lankes, Stephan Plichta, Ulrich Simon

Elektrotechnik Formelsammlung

Elektrotechnische Mathematik

2. Auflage

Bestellnummer 221316

Diesem Buch wurden die bei Manuskriptabschluss vorliegenden neuesten Ausgaben der DIN-Normen, VDI-Richtlinien und sonstigen Bestimmungen zu Grunde gelegt. Verbindlich sind jedoch nur die neuesten Ausgaben der DIN-Normen und VDI-Richtlinien und sonstigen Bestimmungen selbst.
Die DIN-Normen wurden wiedergegeben mit Erlaubnis des DIN Deutsches Institut für Normung e. V. Maßgebend für das Anwenden der Norm ist deren Fassung mit dem neuesten Ausgabedatum, die bei der Beuth Verlag GmbH, Am DIN-Platz Burggrafenstraße 6, 10787 Berlin, erhältlich ist.

Zusatzmaterialien zu Elektrotechnik Formelsammlung Elektrotechnische Mathematik

Für Lehrerinnen und Lehrer

BiBox Einzellizenz für Lehrer/-innen (Dauerlizenz)
BiBox Klassenlizenz Premium für Lehrer/-innen und bis zu 35 Schüler/-innen (1 Schuljahr)
BiBox Kollegiumslizenz für Lehrer/-innen (Dauerlizenz)
BiBox Kollegiumslizenz für Lehrer/-innen (1 Schuljahr)

Für Schülerinnen und Schüler

BiBox Einzellizenz für Schüler/-innen (1 Schuljahr)
BiBox Einzellizenz für Schüler/-innen (4 Schuljahre)
BiBox Klassensatz PrintPlus (1 Schuljahr)

Druck und Bindung: Westermann Druck GmbH, Georg-Westermann-Allee 66, 38104 Braunschweig

ISBN 978-3-14-221316-3

Vorwort

Die abstrakte Beschreibung von elektrotechnischen Größen und Zusammenhängen mithilfe mathematischer Gleichungen und deren Lösungen bereitet vielen Auszubildenden oft große Probleme. Deren Kenntnis ist jedoch für die Lösung naturwissenschaftlicher Sachverhalte unabdingbar, auch im Rahmen eines lernfeldorientierten Fachunterrichts, bei dem fachliche Inhalte durch Berechnungen vertieft werden. Diese Formelsammlung stellt ein Hilfsmittel dar, welches nach den folgenden Gesichtspunkten konzipiert wurde:

- Inhaltlich ist die Formelsammlung an den Lerninhalten der Elektroniker der Fachrichtungen Betriebstechnik und Energie- und Gebäudetechnik angelehnt. Sie eignet sich aber grundsätzlich für alle elektrotechnischen Ausbildungsberufe sowie für Fort- und Weiterbildungsmaßnahmen.
- Insbesondere in Prüfungssituationen bietet die kompakte und strukturierte Zusammenfassung einen schnellen Zugriff auf elektrotechnische Gleichungen.
- Die Formelsammlung ist so angelegt, dass auch komplexe Aufgabenstellungen ohne weitere Hilfsmittel gelöst werden können. Sie ist allerdings nicht als Ersatz für Tabellenbücher gedacht, sondern soll diese ergänzen.
- Alle Formeln wurden auf die sinnvollen Varianten umgestellt, wobei sich auf jeder Seite eine tabellarische Zuordnung von elektrischer Größe, Formelbuchstabe und Einheit befindet.
- Die Inhalte der Seiten wurden auf das Wesentliche reduziert und eine einheitliche, seitenübergreifende Struktur erleichtert das Auffinden und das Arbeiten mit den Gleichungen.
- Nach Bedarf wurden erläuternde Skizzen und Grafiken hinzugefügt, die zum Teil durch farbliche Kennzeichnungen eine Zuordnung zu den Formeln erleichtern.
- Das Inhaltsverzeichnis und das Sachwortverzeichnis dienen zum gezielten und schnellen Nachschlagen von gesuchten Formeln.
- Die Auswahl der Formelbuchstaben und deren Indizes basieren auf dem Schulbuch „Mathematik Elektrotechnik Gesamtband Grund- und Fachstufe".

Für Hinweise und Verbesserungsvorschläge sind die Autoren und der Verlag jederzeit aufgeschlossen und dankbar.

Autoren und Verlag
Braunschweig 2024

Inhaltsverzeichnis

Inhaltsverzeichnis

1.1 Flächen- und Umfangsberechnung

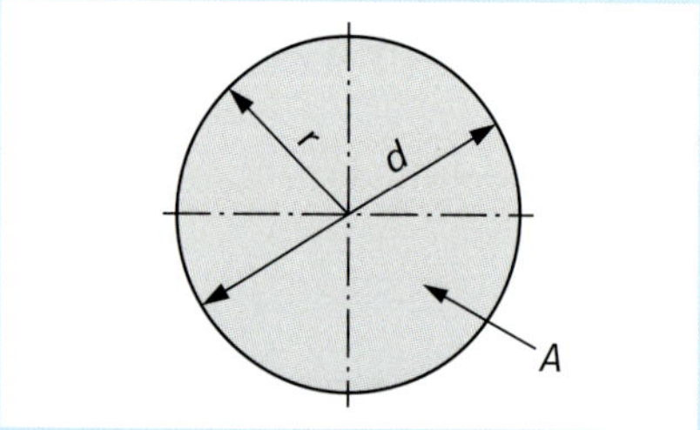

U: Kreisumfang $[U] = m$
d: Durchmesser $[d] = m$
r: Radius, Halbmesser $[r] = m$
A: Fläche $[A] = m^2$
π: Kreiszahl (pi)

$\pi = 3{,}14159$

Kreisumfang:

$$U = \pi \cdot d \qquad d = \frac{U}{\pi}$$

$$U = 2 \cdot \pi \cdot r \qquad r = \frac{U}{2 \cdot \pi}$$

Kreisfläche:

$$A = \pi \cdot r^2 \qquad r = \sqrt{\frac{A}{\pi}}$$

$$A = \frac{\pi \cdot d^2}{4} \qquad d = \sqrt{\frac{4 \cdot A}{\pi}}$$

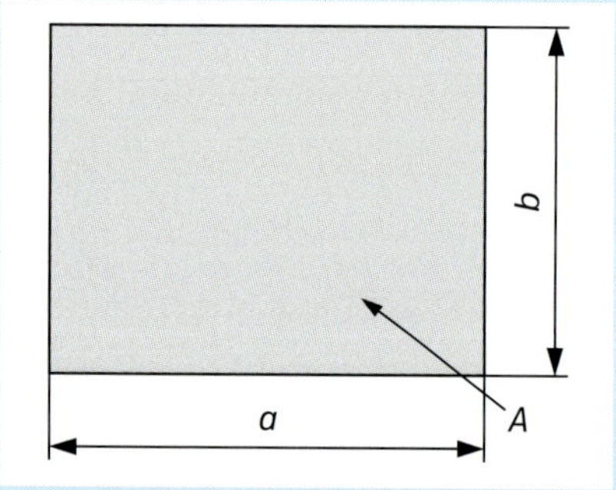

Rechteckumfang:

$$U = 2 \cdot (a + b) \qquad a = \frac{U}{2} - b \qquad b = \frac{U}{2} - a$$

Rechteckfläche:

$$A = a \cdot b \qquad a = \frac{A}{b} \qquad b = \frac{A}{a}$$

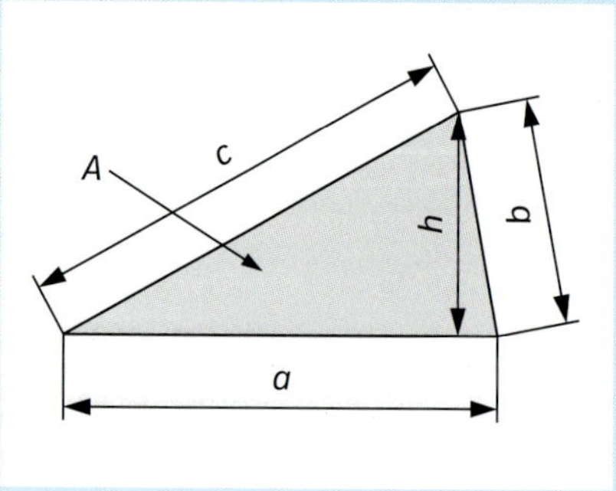

Dreieckumfang:

$$U = a + b + c \qquad a = U - b - c \qquad b = U - a - c \qquad c = U - a - b$$

Dreieckfläche:

$$A = \frac{a \cdot h}{2} \qquad a = \frac{2 \cdot A}{h} \qquad h = \frac{2 \cdot A}{a}$$

A: Fläche $[A] = m^2$
a, b: Seiten $[a], [b] = m$
h: Höhe $[h] = m$

1.2 Volumenberechnung

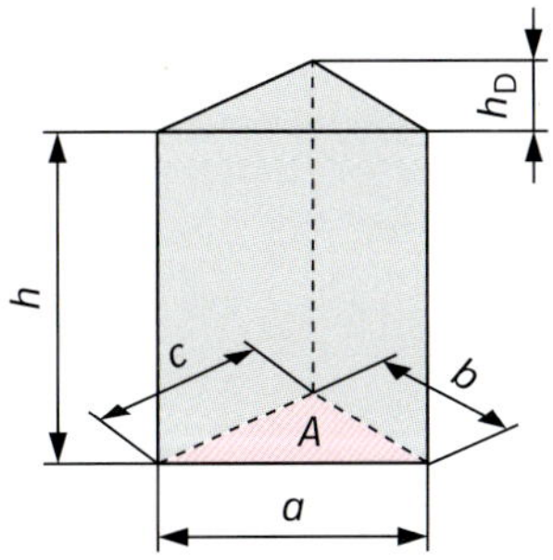

Dreieckprisma:

$$V = \frac{a \cdot h_D}{2} \cdot h$$

$$h = \frac{2 \cdot V}{a \cdot h_D} \qquad h_D = \frac{2V}{a \cdot h}$$

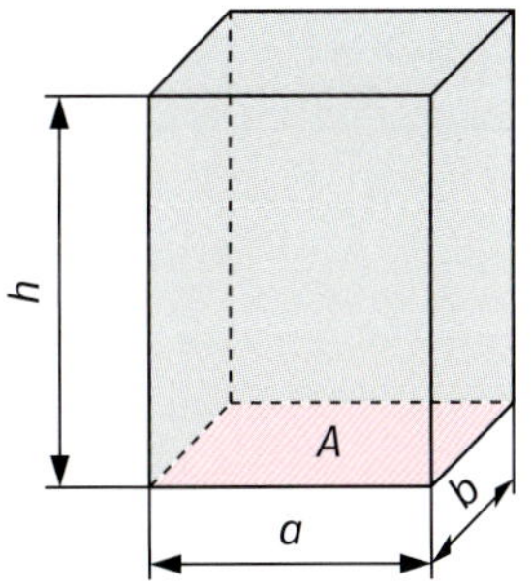

Quader:

$$V = a \cdot b \cdot h$$

$$a = \frac{V}{b \cdot h} \qquad b = \frac{V}{a \cdot h}$$

$$h = \frac{V}{a \cdot b}$$

Würfel:
$a = b = h$

$$V = a^3$$

$$a = \sqrt[3]{V}$$

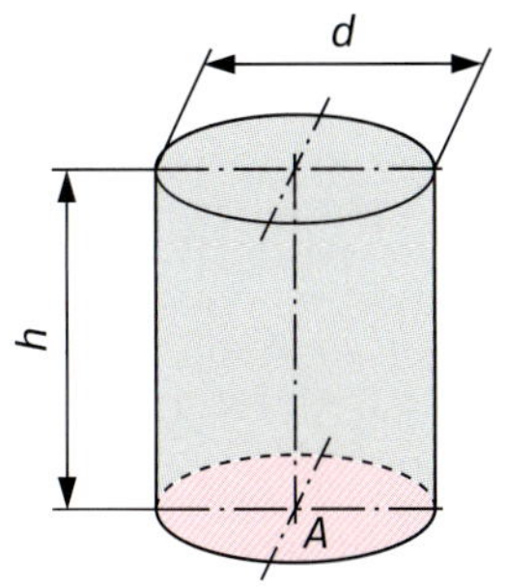

Zylinder:

$$V = \frac{\pi \cdot d^2}{4} \cdot h$$

$$d = \sqrt{\frac{4 \cdot V}{\pi \cdot h}} \qquad h = \frac{4 \cdot V}{\pi \cdot d^2}$$

V:	Volumen	$[V]$	$= m^3$
A:	Fläche	$[A]$	$= m^2$
a, b:	Seiten	$[a], [b]$	$= m$
h:	Höhe	$[h]$	$= m$
h_D:	Dreieckhöhe	$[h_D]$	$= m$
π:	Kreiszahl (pi)		

$\pi = 3{,}14159$

1.3 Winkelfunktionen, rechtwinkliges Dreieck

1.3.1 Rechtwinkliges Dreieck

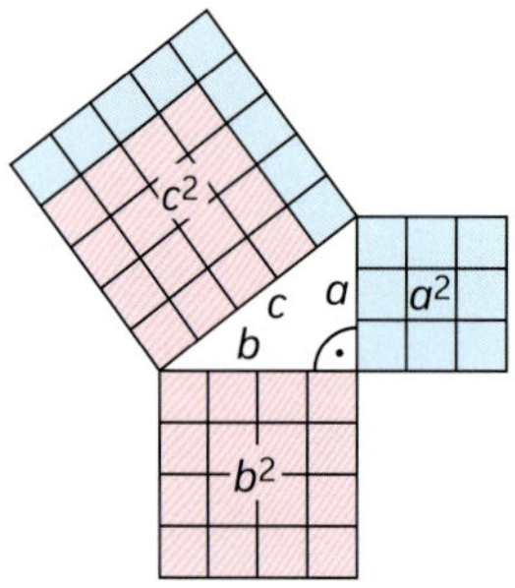

a, *b*: Katheten
c: Hypotenuse

Satz des Pythagoras:

$$c^2 = a^2 + b^2$$

$a^2 = c^2 - b^2$

$b^2 = c^2 - a^2$

$$c = \sqrt{a^2 + b^2}$$

$a = \sqrt{c^2 - b^2}$

$b = \sqrt{c^2 - a^2}$

1.3.2 Winkelfunktionen

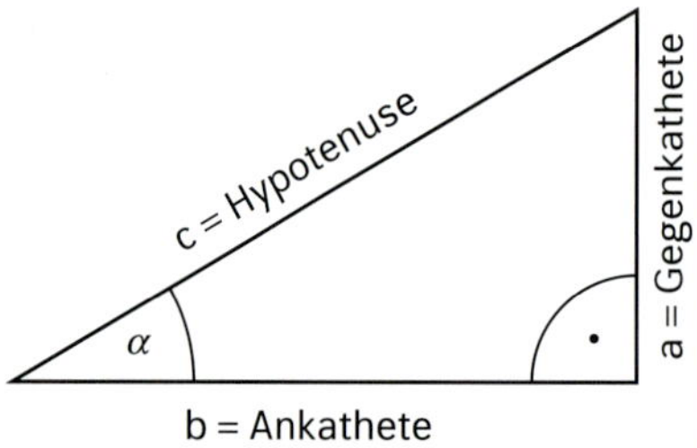

$$\text{Sinus} = \frac{\text{Gegenkathete}}{\text{Hypotenuse}}$$

$$\text{Cosinus} = \frac{\text{Ankathete}}{\text{Hypotenuse}}$$

$$\text{Tangens} = \frac{\text{Gegenkathete}}{\text{Ankathete}}$$

Sinus:

$$\sin\alpha = \frac{a}{c}$$

$a = c \cdot \sin\alpha$

$c = \dfrac{a}{\sin\alpha}$

Cosinus:

$$\cos\alpha = \frac{b}{c}$$

$b = c \cdot \cos\alpha$

$c = \dfrac{b}{\cos\alpha}$

Tangens:

$$\tan\alpha = \frac{a}{b}$$

$a = b \cdot \tan\alpha$

$b = \dfrac{a}{\tan\alpha}$

Arkusfunktionen (Umkehrfunktionen):

$$\alpha = \arcsin\frac{a}{c}$$

arcsin entspricht sin^{-1}

$$\alpha = \arccos\frac{b}{c}$$

arccos entspricht cos^{-1}

$$\alpha = \arctan\frac{a}{b}$$

arctan entspricht tan^{-1}

1.4 Winkelmaße

Gradmaß

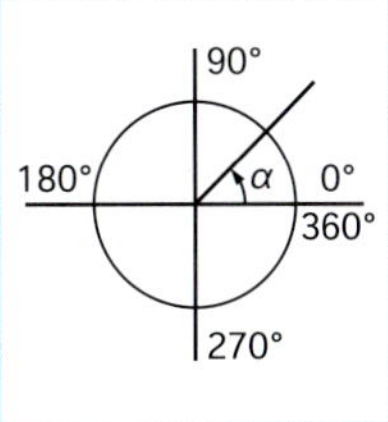

Bogenmaß

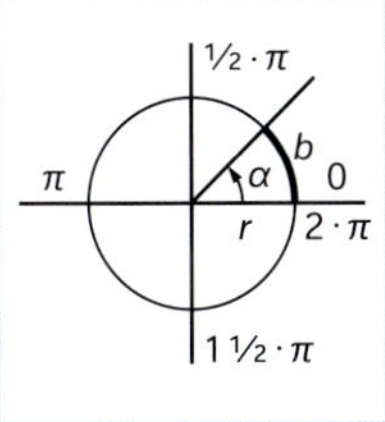

α_{deg}: Winkel im Gradmaß
α_{rad}: Winkel im Bogenmaß
r: Radius
b: Kreisbogenlänge

Winkel im Bogenmaß:

$$\alpha_{rad} = \frac{b}{r}$$

$$b = \alpha_{rad} \cdot r$$

$$r = \frac{b}{\alpha_{rad}}$$

Umrechnung zwischen Grad- und Bogenmaß:

$$\frac{\alpha_{deg}}{\alpha_{rad}} = \frac{360°}{2\pi}$$

$$\alpha_{deg} = \frac{\alpha_{rad}}{2\pi} \cdot 360°$$

$$\alpha_{rad} = \frac{\alpha_{deg}}{360°} \cdot 2\pi$$

α_{deg}	0°	30°	45°	60°	90°	180°	270°	360°
α_{rad}	0	$\pi/6$	$\pi/4$	$\pi/3$	$\pi/2$	π	$3/2 \cdot \pi$	2π

1.5 Bewegung

1.5.1 Bewegung mit konstanter Geschwindigkeit

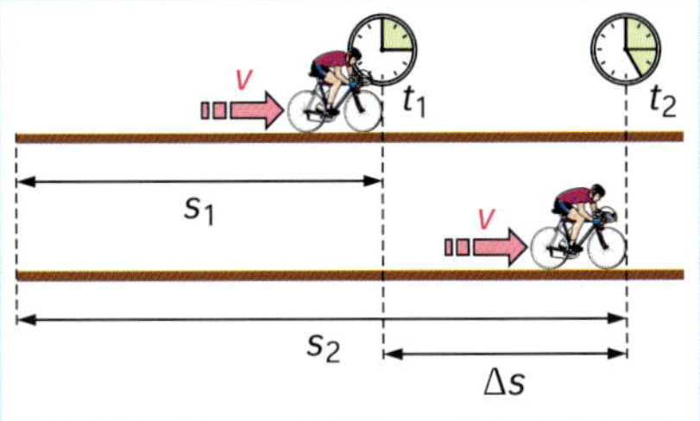

v: Geschwindigkeit $[v] = \frac{m}{s}$
s: Strecke $[s] = m$
t: Zeitdauer $[t] = s$
Δt: Zeitdifferenz $[\Delta t] = s$
Δs: Streckendifferenz $[\Delta s] = m$
W_K: kinetische Energie $[W_K] = Nm$
m: Masse $[m] = kg$

$$1\,\frac{m}{s} = 3{,}6\,\frac{km}{h}$$

$$1\,\frac{km}{h} = 0{,}278\,\frac{m}{s}$$

$$1\,Nm = \frac{1\,kg \cdot m^2}{s^2} = 1\,Ws = 1\,J$$

Geschwindigkeit:

$$v = \frac{s}{t}$$

$$s = v \cdot t$$

$$t = \frac{s}{v}$$

$$v = \frac{\Delta s}{\Delta t}$$

$$\Delta s = v \cdot \Delta t$$

$$\Delta t = \frac{\Delta s}{v}$$

$$\Delta s = s_2 - s_1$$

$$s_1 = s_2 - \Delta s$$

$$s_2 = s_1 + \Delta s$$

$$\Delta t = t_2 - t_1$$

$$t_1 = t_2 - \Delta t$$

$$t_2 = t_1 + \Delta t$$

Bewegungsenergie (Kinetische Energie):

$$W_K = \frac{1}{2} \cdot m \cdot v^2$$

$$m = \frac{2 \cdot W_K}{v^2}$$

$$v = \sqrt{\left(\frac{2 \cdot W_K}{m}\right)}$$

1.5.2 Gleichmäßig beschleunigte Bewegung

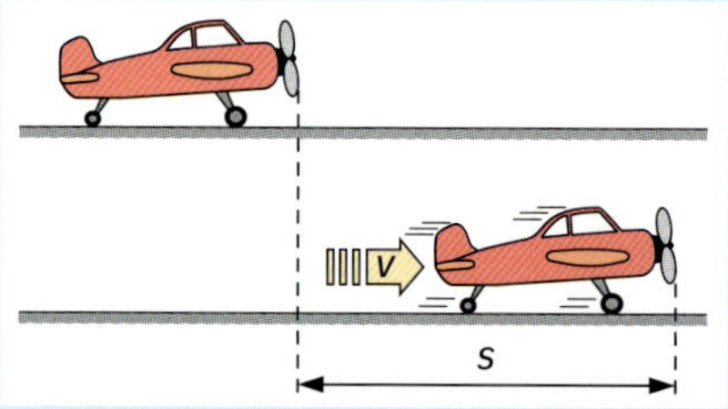

a: Beschleunigung $[a] = \frac{m}{s^2}$
Δv: Geschwindigkeitsänderung $[\Delta v] = \frac{m}{s}$
Δt: Zeitdifferenz $[\Delta t] = s$
s: Strecke $[s] = m$
t: Zeitdauer $[t] = s$
F_a: Beschleunigungskraft $[F_a] = N$
m: Masse $[m] = kg$

$1\ \frac{m}{s} = 3{,}6\ \frac{km}{h}$
$1\ \frac{km}{h} = 0{,}278\ \frac{m}{s}$

Beschleunigung:

$$a = \frac{\Delta v}{\Delta t}$$

$\Delta v = a \cdot \Delta t$

$\Delta t = \frac{\Delta v}{a}$

Zurückgelegte Strecke:

$$s = \frac{1}{2} \cdot a \cdot t^2$$

$a = \frac{2 \cdot s}{t^2}$

$t = \sqrt{\left(\frac{2 \cdot s}{a}\right)}$

Beschleunigende Kraft:

$$F_a = m \cdot a$$

$m = \frac{F_a}{a}$ $a = \frac{F_a}{m}$

1.5.3 Kreisförmige Bewegung

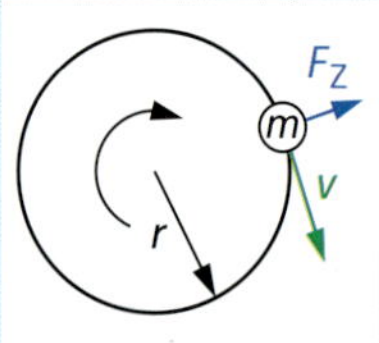

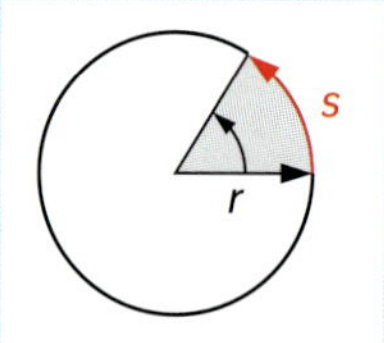

ω: Winkelgeschwindigkeit $[\omega] = \frac{1}{s}$
T: Zeit pro Umdrehung $[T] = s$
n: Drehfrequenz (Drehzahl) $[n] = \frac{1}{s}$
v: Umfangsgeschwindigkeit $[v] = \frac{m}{s}$
s: Strecke $[s] = m$
t: Zeitdauer $[t] = s$
r: Radius $[r] = m$
F_Z: Fliehkraft $[F_Z] = N$
m: Masse $[m] = kg$

Winkelgeschwindigkeit:

$$\omega = \frac{2 \cdot \pi}{T}$$

$$\omega = 2 \cdot \pi \cdot n$$

$t = \frac{2 \cdot \pi}{\omega}$

$n = \frac{\omega}{2 \cdot \pi}$

Umfangsgeschwindigkeit:

$$v = \frac{s}{t}$$

$$v = \frac{2 \cdot \pi}{T} \cdot r$$

$$v = 2 \cdot \pi \cdot r \cdot n$$

$s = v \cdot t$ $t = \frac{s}{v}$

$r = \frac{v \cdot T}{2 \cdot \pi}$ $T = \frac{2 \cdot \pi \cdot r}{v}$

$r = \frac{v}{2 \cdot \pi \cdot n}$ $n = \frac{v}{2 \cdot \pi \cdot r}$

Fliehkraft:

$$F_Z = m \cdot \frac{v^2}{r}$$

$m = \frac{F_Z \cdot r}{v^2}$ $v = \sqrt{\frac{F_Z \cdot r}{m}}$

$r = \frac{m \cdot v^2}{F_Z}$

1.6 Kräfte, mechanische Arbeit

1.6.1 Kraft und Arbeit

F: ansetzende Kraft $[F] = \mathrm{N}$
F_W: wirksame Kraft $[F_W] = \mathrm{N}$
α: Winkel zwischen F und F_W
W: Arbeit $[W] = \mathrm{Nm}$
s: Strecke $[s] = \mathrm{m}$

$$1\ \mathrm{Nm} = 1\ \frac{\mathrm{kg}\cdot\mathrm{m}^2}{\mathrm{s}^2} = 1\ \mathrm{Ws} = 1\ \mathrm{J}$$

Wirksame Kraft:

$$F_W = F \cdot \cos\alpha \qquad F = \frac{F_W}{\cos\alpha} \qquad \alpha = \arccos\frac{F_W}{F}$$

Arbeit:

$$W = F_W \cdot s \qquad F_W = \frac{W}{s} \qquad s = \frac{W}{F_W}$$

1.6.2 Hubarbeit

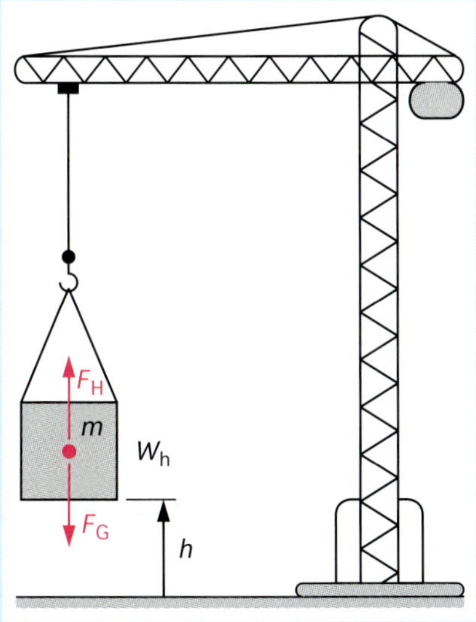

F_h: Haltekraft $[F_h] = \mathrm{N}$
F_G: Gewichtskraft $[F_G] = \mathrm{N}$
m: Masse $[m] = \mathrm{kg}$
g: Gravitationskonstante $[g] = \frac{\mathrm{m}}{\mathrm{s}^2}$
W_h: Hubarbeit $[W_h] = \mathrm{Nm}$

$$g = 9{,}81\ \frac{\mathrm{m}}{\mathrm{s}^2}$$

Haltekraft:

$$F_H = F_G$$

Gewichtskraft:

$$F_G = m \cdot g \qquad m = \frac{F_G}{g}$$

Hubarbeit:

$$W_h = F_G \cdot h \qquad F_G = \frac{W_h}{h} \qquad h = \frac{W_h}{F_G}$$

$$W_h = m \cdot g \cdot h \qquad m = \frac{W_h}{g \cdot h} \qquad h = \frac{W_h}{g \cdot m}$$

Die an einem Körper verrichtete Hubarbeit entspricht der potenziellen Energie des Körpers.

$$W_h = E_{pot}$$

1.6.3 Federkraft

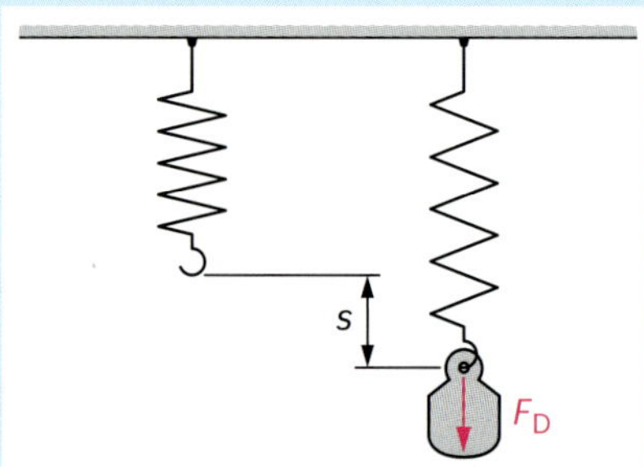

F_D: Deformationskraft $[F_D] = \text{N}$
D: Federhärte $[D] = \frac{\text{N}}{\text{m}}$
s: Dehnung/Stauchung $[s] = \text{m}$
W_D: Deformationsarbeit $[W_D] = \text{Nm}$

Deformationskraft:

$$F_D = D \cdot s \qquad D = \frac{F_D}{s} \qquad s = \frac{F_D}{D}$$

Deformationsarbeit:

$$W_D = \frac{1}{2} \cdot D \cdot s^2 \qquad D = \frac{2 \cdot W_D}{s^2} \qquad s = \sqrt{\frac{2 \cdot W_D}{D}}$$

Die Deformationsarbeit entspricht der in der Feder gespeicherten Energie.

1.6.4 Reibungskraft

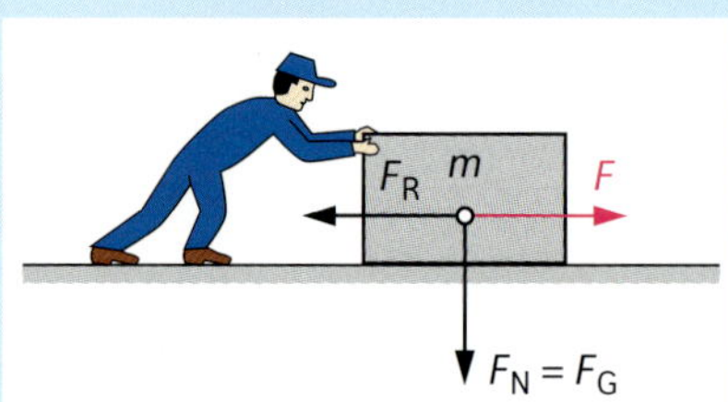

F: antreibende Kraft $[F] = \text{N}$
F_R: Reibungskraft $[F_R] = \text{N}$
F_N: Normalkraft $[F_N] = \text{N}$
F_G: Gewichtskraft $[F_G] = \text{N}$
μ: Reibungszahl
m: Masse $[m] = \text{kg}$
g: Gravitationskonstante $[g] = \frac{\text{m}}{\text{s}^2}$

Reibungskraft:

$$F_R = \mu \cdot F_N \qquad F_N = \frac{F_R}{\mu} \qquad \mu = \frac{F_R}{F_N}$$

In der Ebene gilt: $F_N = F_G = m \cdot g$

$$F_R = \mu \cdot m \cdot g \qquad m = \frac{F_R}{\mu \cdot g} \qquad \mu = \frac{F_R}{m \cdot g}$$

Um eine Masse zu bewegen, muss die angreifende Kraft F größer als die Reibungskraft F_R sein.

1.6.5 Drehmoment und Hebel

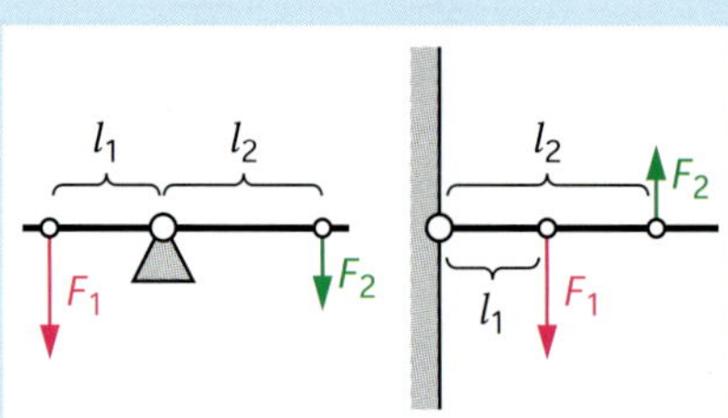

M: Drehmoment $[M] = \text{Nm}$
F: Kraft $[F] = \text{N}$
l: Abstand zum Hebellager $[l] = \text{m}$

Drehmoment:

$$M = F \cdot l \qquad F = \frac{M}{l} \qquad l = \frac{M}{F}$$

Hebel im Gleichgewicht: $M_1 = M_2$

$$F_1 \cdot l_1 = F_2 \cdot l_2 \qquad F_1 = \frac{F_2 \cdot l_2}{l_1} \qquad l_1 = \frac{F_2 \cdot l_2}{F_1}$$

$$F_2 = \frac{F_1 \cdot l_1}{l_2} \qquad l_2 = \frac{F_1 \cdot l_1}{F_2}$$

1.7 Masse und Dichte

m: Masse	$[m] = \text{kg}$
ϱ: Dichte (materialabhängig)	$[\varrho] = \frac{\text{kg}}{\text{m}^3}$
V: Volumen	$[V] = \text{m}^3$

Masse eines Körpers:

$$m = \varrho \cdot V \qquad \varrho = \frac{m}{V} \qquad V = \frac{m}{\varrho}$$

1.8 Wärmemenge

Q: Wärmemenge	$[Q] = \text{Ws}$
m: Masse	$[m] = \text{kg}$
c: spezifische Wärmekapazität	$[c] = \frac{\text{kJ}}{\text{K} \cdot \text{kg}}$
$\Delta\vartheta$: Temperaturdifferenz	$[\Delta\vartheta] = \text{K}$
ϑ_1: Anfangstemperatur	$[\vartheta_1] = °\text{C}$
ϑ_2: Endtemperatur	$[\vartheta_2] = °\text{C}$

$1\ \text{Ws} = 1\ \text{J} = \frac{1}{3\,600\,000}\ \text{kWh}$

1 K (Kelvin) ≙ 1 °C Differenz

$$Q = m \cdot c \cdot \Delta\vartheta \qquad m = \frac{Q}{c \cdot \Delta\vartheta} \qquad c = \frac{Q}{m \cdot \Delta\vartheta} \qquad \Delta\vartheta = \frac{Q}{m \cdot c}$$

$$\Delta\vartheta = \vartheta_2 - \vartheta_1 \qquad \vartheta_1 = \vartheta_2 - \Delta\vartheta \qquad \vartheta_2 = \vartheta_1 + \Delta\vartheta$$

Mischvorgänge gleicher Stoffe

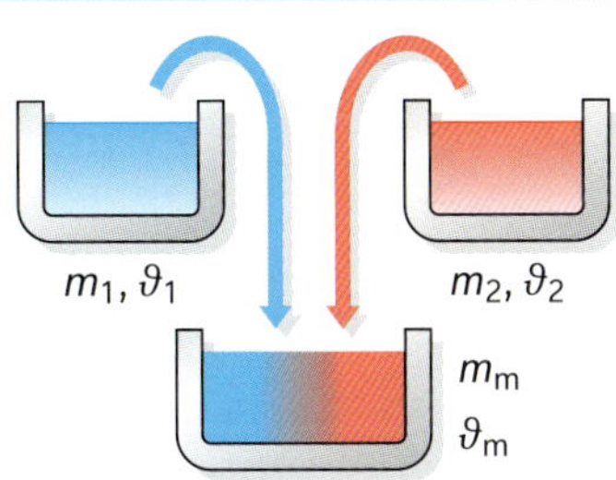

m_1, m_2:	Massen der Ausgangsstoffe	$[m] = \text{kg}$
ϑ_1, ϑ_2:	Temperaturen der Ausgangsstoffe	$[\vartheta] = °\text{C}$
m_m, ϑ_m:	Eigenschaften des Gemischs	

Masse des Gemischs:

$$m_m = m_1 + m_2 \qquad m_1 = m_m - m_2 \qquad m_2 = m_m - m_1$$

Masse des Gemischs:

$$m_m \cdot \vartheta_m = m_1 \cdot \vartheta_1 + m_2 \cdot \vartheta_2$$

$$\vartheta_m = \frac{m_1 \cdot \vartheta_1 + m_2 \cdot \vartheta_2}{m_m} \qquad m_m = \frac{m_1 \cdot \vartheta_1 + m_2 \cdot \vartheta_2}{\vartheta_m}$$

$$\vartheta_1 = \frac{m_m \cdot \vartheta_m - m_2 \cdot \vartheta_2}{m_1} \qquad m_1 = \frac{m_m \cdot \vartheta_m - m_2 \cdot \vartheta_2}{\vartheta_1}$$

$$\vartheta_2 = \frac{m_m \cdot \vartheta_m - m_1 \cdot \vartheta_1}{m_2} \qquad m_2 = \frac{m_m \cdot \vartheta_m - m_1 \cdot \vartheta_1}{\vartheta_2}$$

2.1 Ladung, Spannung, Stromstärke, Stromdichte

2.1.1 Elektrische Ladung

Q: elektrische Ladung $[Q] = \mathrm{C}$
n: Anzahl der Ladungsträger
e: Elementarladung $[e] = \mathrm{As}$

$1\ \mathrm{C} = 1\ \mathrm{As}$
$e = 1{,}602 \cdot 10^{-19}\ \mathrm{As}$

$$Q = n \cdot e$$

$$n = \frac{Q}{e}$$

2.1.2 Elektrische Spannung

U: Spannung $[U] = \mathrm{V}$
W: elektrische Arbeit $[W] = \mathrm{Ws}$
Q: Ladung $[Q] = \mathrm{C}$

U_{12}: Spannung zwischen Punkt 1 und 2 $[U] = \mathrm{V}$
φ_1: Potenzial an Punkt 1 $[\varphi_1] = \mathrm{V}$
φ_2: Potenzial an Punkt 2 $[\varphi_2] = \mathrm{V}$

$$U = \frac{W}{Q}$$

$$W = Q \cdot U \qquad Q = \frac{W}{U}$$

Spannung als Potenzialunterschied:

$$U_{12} = \varphi_1 - \varphi_2$$

$$\varphi_1 = U_{12} + \varphi_2 \qquad \varphi_2 = \varphi_1 - U_{12}$$

2.1.3 Elektrische Stromstärke

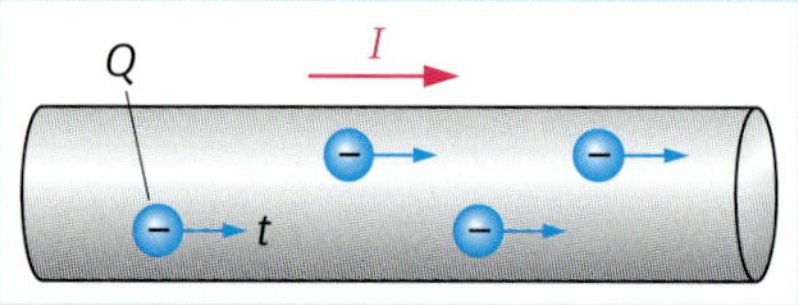

I: Stromstärke $[I] = \mathrm{A}$
Q: Ladung $[Q] = \mathrm{C}$
t: Zeitdauer $[t] = \mathrm{s}$

$$I = \frac{Q}{t}$$

$$Q = I \cdot t \qquad t = \frac{Q}{I}$$

2.1.4 Stromdichte

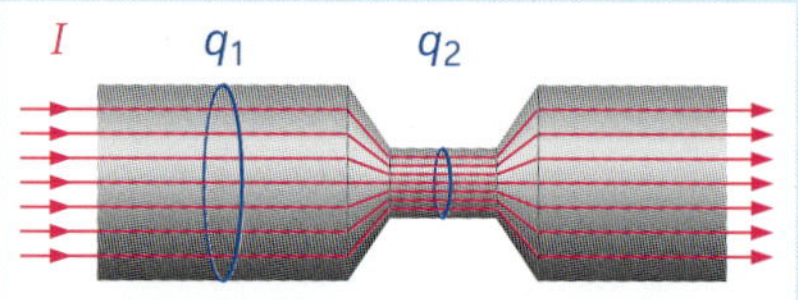

J: Stromdichte $[J] = \frac{\mathrm{A}}{\mathrm{mm}^2}$
I: Stromstärke $[I] = \mathrm{A}$
q: Leiterquerschnitt $[q] = \mathrm{mm}^2$

$$J = \frac{I}{q}$$

$$I = J \cdot q \qquad q = \frac{I}{J}$$

Stromdichte bei unterschiedlichem Leiterquerschnitt:

$$J_1 \cdot q_1 = J_2 \cdot q_2$$

$$J_1 = \frac{J_2 \cdot q_2}{q_1} \qquad J_2 = \frac{J_1 \cdot q_1}{q_2}$$

2.2 Elektrisch Widerstand, Leitwert, Leiterwiderstand

2.2.1 Ohmsches Gesetz

I: elektrische Stromstärke	$[I] = \mathrm{A}$
U: elektrische Spannung	$[U] = \mathrm{V}$
R: elektrischer Widerstand	$[R] = \Omega$

$$I = \frac{U}{R}$$

$U = R \cdot I \qquad R = \frac{U}{I}$

2.2.2 Leitwert

G: elektrischer Leitwert	$[G] = \mathrm{S}$
R: elektrischer Widerstand	$[R] = \Omega$

$$G = \frac{1}{R}$$

$R = \frac{1}{G}$

2.2.3 Leiterwiderstand

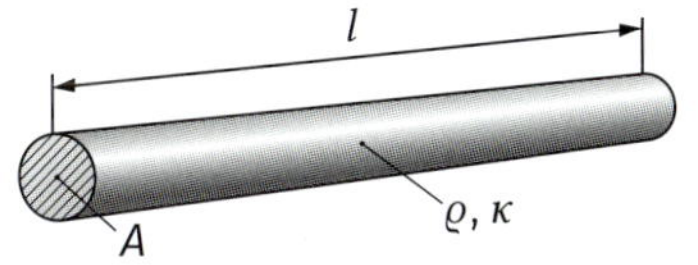

R: elektrischer Widerstand	$[R] = \Omega$
ϱ: spezifischer Widerstand	$[\varrho] = \frac{\Omega \cdot \mathrm{mm}^2}{\mathrm{m}}$
l: Leiterlänge	$[l] = \mathrm{m}$
A: Leiterquerschnittsfläche	$[A] = \mathrm{mm}^2$
κ: spezifischer Leitwert	$[\kappa] = \frac{\mathrm{S} \cdot \mathrm{m}}{\mathrm{mm}^2}$

ϱ und κ sind materialabhängig $\kappa = \frac{1}{\varrho}$

Mit spezifischem Widerstand:

$$R = \frac{\varrho \cdot l}{A}$$

$l = \frac{R \cdot A}{\varrho} \qquad A = \frac{\varrho \cdot l}{R}$

$\varrho = \frac{R \cdot A}{l}$

Mit spezifischem Leitwert:

$$R = \frac{1}{\kappa} \cdot \frac{l}{A}$$

$l = R \cdot A \cdot \kappa \qquad A = \frac{l}{R \cdot \kappa}$

$\kappa = \frac{l}{R \cdot A}$

2.3 Temperaturabhängigkeit von Widerständen

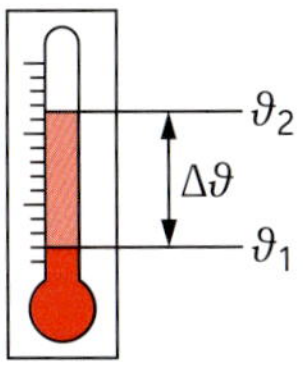

ΔR: Widerstandsänderung	$[\Delta R] = \Omega$
$R_{\vartheta 1}$: Widerstand zu Beginn	$[R_{\vartheta 1}] = \Omega$
α: Temperaturkoeffizient	$[\alpha] = \frac{1}{\mathrm{K}}$
$\Delta\vartheta$: Temperaturunterschied	$[\Delta\vartheta] = \mathrm{K}$
$R_{\vartheta 2}$: Widerstand bei ϑ_2	$[R_{\vartheta 2}] = \Omega$
ϑ_1: Temperatur zu Beginn	$[\vartheta_1] = \mathrm{°C}$
ϑ_2: Temperatur am Ende	$[\vartheta_2] = \mathrm{°C}$

Widerstandsänderung:

$$\Delta R = R_{\vartheta 1} \cdot \alpha \cdot \Delta\vartheta$$

$R_{\vartheta 1} = \frac{\Delta R}{\alpha \cdot \Delta\vartheta} \qquad \Delta\vartheta = \frac{\Delta R}{\alpha \cdot R_{\vartheta 1}}$

$\alpha = \frac{\Delta R}{R_{\vartheta 1} \cdot \Delta\vartheta}$

$$R_{\vartheta 2} = R_{\vartheta 1} + \Delta R$$

$R_{\vartheta 1} = R_{\vartheta 2} - \Delta R$

$\Delta R = R_{\vartheta 2} - R_{\vartheta 1}$

$$R_{\vartheta 2} = R_{\vartheta 1} \cdot (1 + \alpha \cdot \Delta\vartheta)$$

$\Delta\vartheta = \frac{R_{\vartheta 2} - R_{\vartheta 1}}{R_{\vartheta 1} \cdot \alpha} \qquad R_{\vartheta 1} = \frac{R_{\vartheta 2}}{1 + \alpha \cdot \Delta\vartheta}$

Temperaturänderung:

$$\Delta\vartheta = \vartheta_2 - \vartheta_1$$

$\vartheta_2 = \vartheta_1 + \Delta\vartheta$

$\vartheta_1 = \vartheta_2 - \Delta\vartheta$

2.4 Kirchhoffsche Sätze

2.4.1 Knotenpunktsatz (Erster Kirchhoffscher Satz)

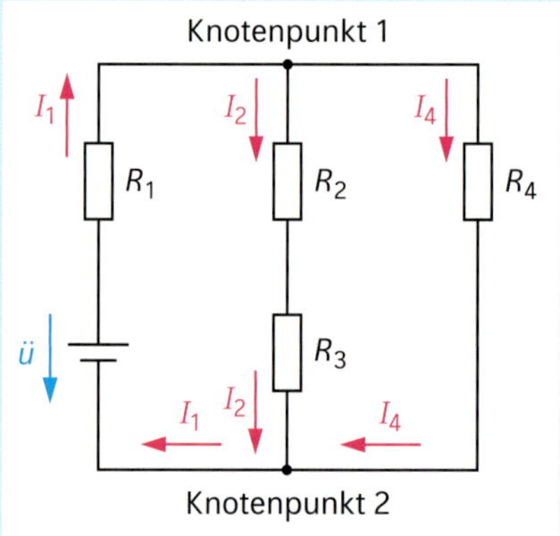

I: Stromstärke (allgemein) $[I]$ = A

I_{zu}: zum Knoten hinfließender Strom $[I_{zu}]$ = A

I_{ab}: vom Knoten abfließender Strom $[I_{ab}]$ = A

I_1, I_2, ...: Zweigströme $[I_n]$ = A

$$\sum I = 0$$

In einem Knotenpunkt ist die vorzeichenbehaftete Summe aller Ströme gleich Null.

$$\sum I_{zu} = \sum I_{ab}$$

Die Summe der zum Knoten zufließenden Ströme ist gleich der Summe der abfließenden Ströme.

In der Abbildung können zwei Knotenpunktsätze gebildet werden.

Für den Knotenpunkt 1 gilt:

$$I_1 = I_2 + I_4$$
$$I_2 = I_1 - I_4$$
$$I_4 = I_1 - I_2$$

2.4.2 Maschensatz (Zweiter Kirchhoffscher Satz)

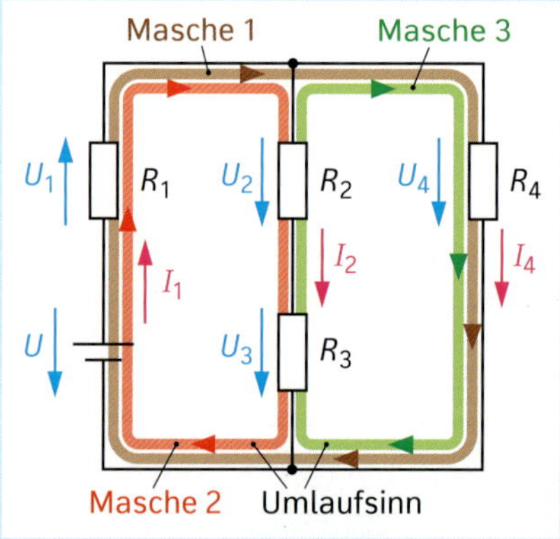

U: Spannung (allgemein) in der Abb. Gesamtspannung $[U]$ = V

U_1, U_2, ...: Teilspannungen $[U_n]$ = V

$$\sum U = 0$$

In einer Masche ist die vorzeichenbehaftete Summe aller Spannungen gleich Null.

In der Abbildung können drei Maschensätze gebildet werden. Es ist jeweils ein Umlaufsinn festzulegen.

Maschensatz für die Masche 1:

$-U + U_1 + U_4 = 0$ $\qquad U = U_1 + U_4$

$U_1 = U - U_4$

Maschensatz für die Masche 2:

$-U + U_1 + U_2 + U_3 = 0$ $\qquad U = U_1 + U_2 + U_3$

$U_1 = U - U_2 - U_3$

Maschensatz für die Masche 3:

$U_4 - U_2 - U_3 = 0$ $\qquad U_4 = U_2 + U_3$

$U_2 = U_4 - U_3$

2.5 Grundschaltungen von Widerständen

2.5.1 Reihenschaltungen von Widerständen

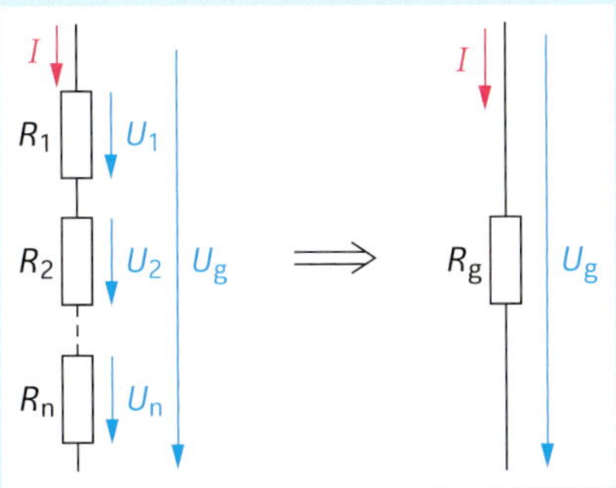

U_g: Gesamtspannung	$[U_g] = \mathrm{V}$
U_1, U_2, U_n: Teilspannungen	$[U_n] = \mathrm{V}$
I, I_1, I_2, I_n: Strom	$[I] = \mathrm{A}$
R_g: Gesamtwiderstand	$[R_g] = \Omega$
R_1, R_2, R_n: Reihenwiderstände	$[R] = \Omega$

Strom:

$$I = I_1 = I_2 \dots = I_n$$

Spannungen:

$$U_g = U_1 + U_2 + \dots + U_n$$

$U_1 = U_g - U_2 - \dots - U_n$

Widerstände:

$$R_g = R_1 + R_2 + \dots + R_n$$

$R_1 = R_g - R_2 - \dots - R_n$

Für n gleich große Widerstände gilt:

$$R_g = n \cdot R_n \qquad R_n = \frac{R_g}{n}$$

2.5.2 Parallelschaltungen von Widerständen

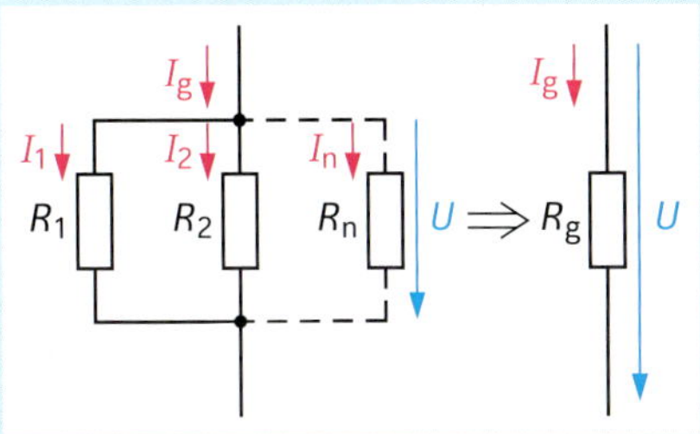

U, U_1, U_2, U_n: Spannung	$[U] = \mathrm{V}$
I_g: Gesamtstrom	$[I_g] = \mathrm{A}$
I_1, I_n: Zweigströme	$[I_n] = \mathrm{A}$
R_g: Gesamtwiderstand	$[R_g] = \Omega$
R_1, R_2, R_n: Parallelwiderstände	$[R_n] = \Omega$

Ströme:

$$I_g = I_1 + I_2 + \dots + I_n \qquad I_1 = I_g - I_2 - \dots - I_n$$

Spannung:

$$U = U_1 = U_2 = \dots = U_n$$

Widerstände:

$$\frac{1}{R_g} = \frac{1}{R_1} + \frac{1}{R_2} + \dots + \frac{1}{R_n}$$

$\frac{1}{R_1} = \frac{1}{R_g} - \frac{1}{R_2} - \dots - \frac{1}{R_n}$

Parallelschaltung von n gleich großen Widerständen

$$R_g = \frac{R_n}{n} \qquad R_n = n \cdot R_g$$

Parallelschaltung von zwei Widerständen

$$R_g = \frac{R_1 \cdot R_2}{R_1 + R_2}$$

2.6 Spannungsteiler

2.6.1 Unbelasteter Spannungsteiler

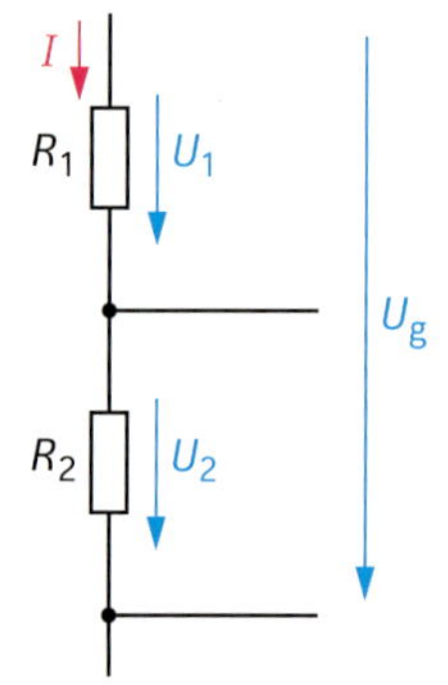

U_g: Gesamtspannung $[U_g] = \text{V}$
U_1, U_2: Teilspannungen $[U_n] = \text{V}$
I: Strom $[I] = \text{A}$
R_g: Gesamtwiderstand $[R_g] = \Omega$
R_1, R_2: Reihenwiderstände $[R_n] = \Omega$

Spannungen:

$$\frac{U_1}{U_2} = \frac{R_1}{R_2}$$

$U_1 = U_2 \cdot \frac{R_1}{R_2}$ $R_1 = R_2 \cdot \frac{U_1}{U_2}$

$U_2 = U_1 \cdot \frac{R_2}{R_1}$ $R_2 = R_1 \cdot \frac{U_2}{U_1}$

$$\frac{U_1}{R_1} = \frac{U_g}{R_g}$$

$U_1 = U_g \cdot \frac{R_1}{R_g}$ $U_g = U_1 \cdot \frac{R_g}{R_1}$

$R_1 = R_g \cdot \frac{U_1}{U_g}$ $R_g = R_1 \cdot \frac{U_g}{U_1}$

Widerstände:

$$R_g = R_1 + R_2$$

$R_1 = R_g - R_2$ $R_2 = R_g - R_1$

2.6.2 Belasteter Spannungsteiler

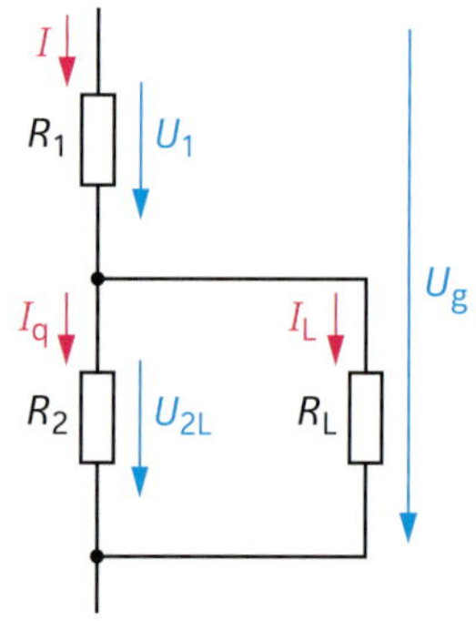

U_g: Gesamtspannung $[U_g] = \text{V}$
U_1: Spannung an R_1 $[U_1] = \text{V}$
U_{2L}: Lastspannung $[U_{2L}] = \text{V}$
I: Gesamtstrom $[I] = \text{A}$
I_q: Strom durch R_2, Querstrom $[I_q] = \text{A}$
I_L: Strom durch R_L, Laststrom $[I_L] = \text{A}$
R_1, R_2: Teilwiderstände $[R_n] = \Omega$
m: Querstromfaktor

Spannungen:

$$\frac{U_1}{U_{2L}} = \frac{R_1}{R_{2L}}$$

$U_1 = U_{2L} \cdot \frac{R_1}{R_{2L}}$ $R_1 = R_{2L} \cdot \frac{U_1}{U_{2L}}$

$U_{2L} = U_1 \cdot \frac{R_{2L}}{R_1}$ $R_{2L} = R_1 \cdot \frac{U_{2L}}{U_1}$

$$\frac{U_{2L}}{U_g} = \frac{R_{2L}}{R_g}$$

$U_{2L} = U_g \cdot \frac{R_{2L}}{R_g}$ $R_{2L} = R_g \cdot \frac{U_{2L}}{U_g}$

$U_g = U_{2L} \cdot \frac{R_g}{R_{2L}}$ $R_g = R_{2L} \cdot \frac{U_g}{U_{2L}}$

Widerstände:

$$R_{2L} = \frac{R_2 \cdot R_L}{R_2 + R_L}$$

$$R_g = R_1 + \frac{R_2 \cdot R_L}{R_2 + R_L}$$

Ströme:

$$I = I_q + I_L$$

$I_q = I - I_L$ $I_L = I - I_q$

Querstromfaktor:

$$m = \frac{I_q}{I_L}$$

$I_q = m \cdot I_L$ $I_L = \frac{I_q}{m}$

2.7 Brückenschaltung

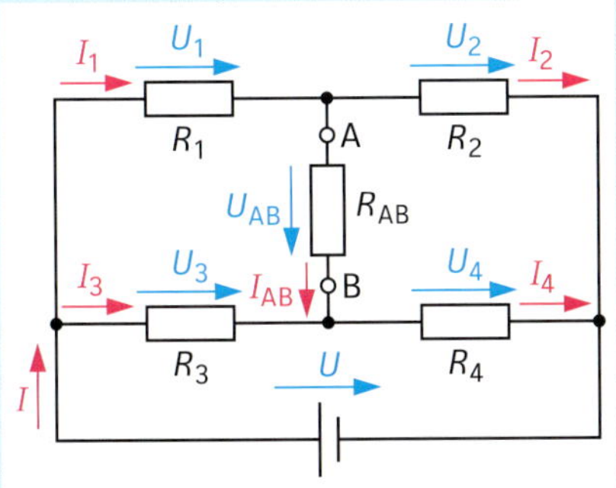

U: Gesamtspannung $[U] = \text{V}$

U_1, U_2, U_3, U_4: Teilspannungen $[U_n] = \text{V}$

U_{AB}: Spannung über dem Brückenzweig $[U_{AB}] = \text{V}$

I_{AB}: Brückenstrom $[I_{AB}] = \text{A}$

I_1, I_2, I_3, I_4: Zweigströme $[I_n] = \text{A}$

R_{AB}: Brückenwiderstand $[R_{AB}] = \Omega$

R_1, R_2, R_3, R_4: Zweigwiderstände $[R_n] = \Omega$

Brückenwiderstand:

$$R_{AB} = \frac{U_{AB}}{I_{AB}}$$

$$I_{AB} = \frac{U_{AB}}{R_{AB}}$$

$$U_{AB} = R_{AB} \cdot I_{AB}$$

Spannungen:

$$U = U_1 \pm U_{AB} + U_4 \qquad \pm U_{AB} = U - U_1 - U_4$$

$$U = U_2 \pm U_{AB} + U_3 \qquad \pm U_{AB} = U - U_2 - U_3$$

Das Vorzeichen für U_{AB} wird durch die Richtung des Brückenstromes I_{AB} bestimmt.

Ströme:

$$I_1 = I_2 \pm I_{AB} \qquad I_2 = I_1 \pm I_{AB}$$

$$I_3 = I_4 \pm I_{AB} \qquad I_4 = I_3 \pm I_{AB}$$

Das Vorzeichen für I_{AB} wird durch die Richtung der Brückenspannung U_{AB} bestimmt.

2.8 Stern-Dreieck-Transformation

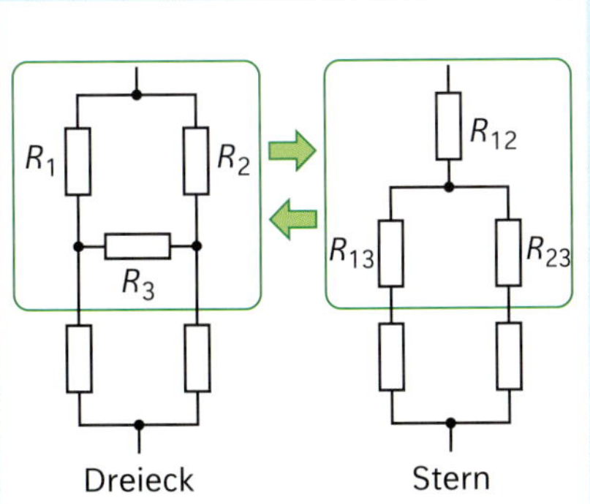

R_1, R_2, R_3: Dreieckwiderstände

R_{12}, R_{23}, R_{13}: Sternwiderstände

Dreieck → Stern:

$$R_{12} = \frac{R_1 \cdot R_2}{R_1 + R_2 + R_3}$$

$$R_{23} = \frac{R_2 \cdot R_3}{R_1 + R_2 + R_3}$$

$$R_{13} = \frac{R_1 \cdot R_3}{R_1 + R_2 + R_3}$$

Stern → Dreieck:

$$R_1 = \frac{R_{12} \cdot R_{23} + R_{23} \cdot R_{13} + R_{12} \cdot R_{13}}{R_{23}}$$

$$R_2 = \frac{R_{12} \cdot R_{23} + R_{23} \cdot R_{13} + R_{12} \cdot R_{13}}{R_{13}}$$

$$R_3 = \frac{R_{12} \cdot R_{23} + R_{23} \cdot R_{13} + R_{12} \cdot R_{13}}{R_{12}}$$

2.9 Elektrische Leistung und Arbeit bei Gleichstrom

2.9.1 Elektrische Leistung bei Gleichstrom

P: elektrische Leistung	$[P] = \mathrm{W}$
U: Spannung	$[U] = \mathrm{V}$
I: Stromstärke	$[I] = \mathrm{A}$

$$P = U \cdot I \qquad U = \frac{P}{I} \qquad I = \frac{P}{U}$$

$$P = \frac{U^2}{R} \qquad U = \sqrt{P \cdot R} \qquad R = \frac{U^2}{P}$$

$$P = I^2 \cdot R \qquad I = \sqrt{\frac{P}{R}} \qquad R = \frac{P}{I^2}$$

2.9.2 Elektrische Arbeit bei Gleichstrom

W: elektrische Arbeit	$[W] = \mathrm{Ws}$
P: elektrische Leistung	$[P] = \mathrm{W}$
t: Zeit	$[t] = \mathrm{s}$
U: Spannung	$[U] = \mathrm{V}$
I: Stromstärke	$[I] = \mathrm{A}$

$$W = P \cdot t \qquad P = \frac{W}{t} \qquad t = \frac{W}{P}$$

$$W = U \cdot I \cdot t \qquad U = \frac{W}{I \cdot t} \qquad I = \frac{W}{U \cdot t}$$

$$t = \frac{W}{U \cdot I}$$

2.10 Wirkungsgrad

η: Wirkungsgrad (Eta)	
P_{ab}: abgegebene Leistung	$[P_{ab}] = \mathrm{W}$
P_{zu}: zugeführte Leistung	$[P_{zu}] = \mathrm{W}$

η_g: Gesamtwirkungsgrad

$\eta_1, \eta_2, \eta_3, \ldots$: Einzelwirkungsgrade

Wirkungsgrad:

$$\eta = \frac{P_{ab}}{P_{zu}} \qquad P_{ab} = P_{zu} \cdot \eta \qquad P_{zu} = \frac{P_{ab}}{\eta}$$

Gesamtwirkungsgrad eines Systems:

$$\eta_g = \eta_1 \cdot \eta_2 \cdot \eta_3 \cdot \ldots \cdot \eta_n$$

$$\eta_1 = \frac{\eta_g}{\eta_2 \cdot \eta_3 \cdot \ldots \cdot \eta_n}$$

3.1 Belastete Spannungsquelle

Ersatzschaltbild

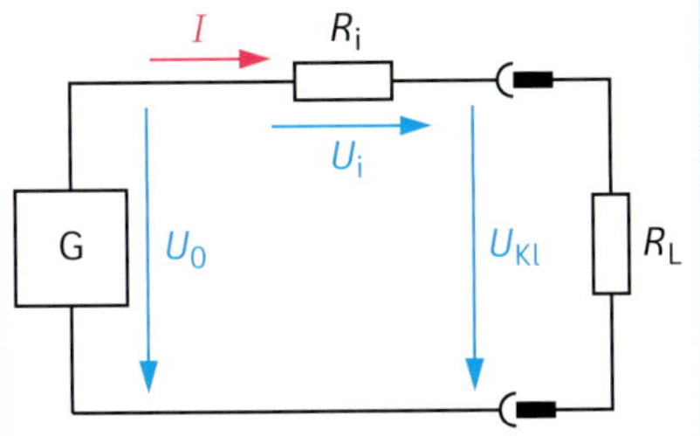

U_0:	Leerlaufspannung	$[U_0] = \mathrm{V}$
U_{Kl}:	Klemmenspannung	$[U_{Kl}] = \mathrm{V}$
U_i:	Spannungsfall am Innenwiderstand	$[U_i] = \mathrm{V}$
R_i:	Innenwiderstand	$[R_i] = \Omega$
R_L:	Lastwiderstand	$[R_L] = \Omega$
I_K:	Kurzschlussstromstärke	$[I_K] = \mathrm{A}$
I:	Stromstärke	$[I] = \mathrm{A}$

Stromstärke:

$$I = \frac{U_0}{R_i + R_L}$$

$$U_0 = I \cdot (R_i + R_L)$$

$$R_i = \frac{U_0}{I} - R_L$$

$$R_L = \frac{U_0}{I} - R_i$$

Berechnung der Kurzschlussstromstärke:

$$I_K = \frac{U_0}{R_i}$$

$$U_0 = I_K \cdot R_i$$

$$R_i = \frac{U_0}{I_K}$$

Spannungsfall am Innenwiderstand:

$$U_i = U_0 - U_{Kl}$$

$$U_0 = U_i + U_{Kl}$$

$$U_{Kl} = U_0 - U_i$$

Klemmenspannung:

$$U_{Kl} = U_0 - R_i \cdot I$$

$$U_0 = U_{Kl} + R_i \cdot I$$

$$I = \frac{U_0 - U_{KL}}{R_i}$$

$$R_i = \frac{U_0 - U_{Kl}}{I}$$

$$U_{Kl} = R_L \cdot I$$

$$R_L = \frac{U_{Kl}}{I}$$

$$I = \frac{U_{Kl}}{R_L}$$

Innenwiderstand:

$$R_i = \frac{U_i}{I}$$

$$U_i = I \cdot R_i$$

$$I = \frac{U_i}{R_i}$$

3.2 Reihenschaltung von baugleichen Spannungsquellen

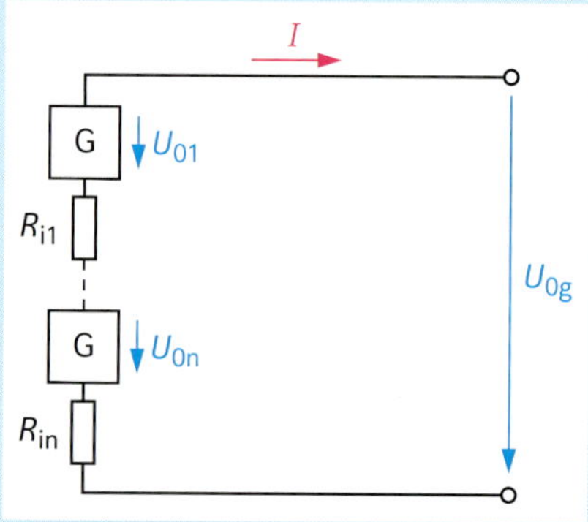

U_0:	Leerlaufspannungen	$[U_0] = \text{V}$
R_i:	Innenwiderstände	$[R_i] = \Omega$
I:	Stromstärke	$[I] = \text{A}$
C:	Lade- bzw. Entladekapazität	$[C] = \text{Ah}$

Spannungen:

$$U_{0g} = U_{01} + U_{02} + \ldots + U_{0g}$$

Innenwiderstände:

$$R_{ig} = R_{i1} + R_{i2} + \ldots + R_{ig}$$

Gesamtkapazität:

$$C_g = C_1 = C_2 = \ldots = C_n$$

Stromstärken:

$$I_g = I_1 = I_2 = \ldots I_n$$

3.3 Parallelschaltung von baugleichen Spannungsquellen

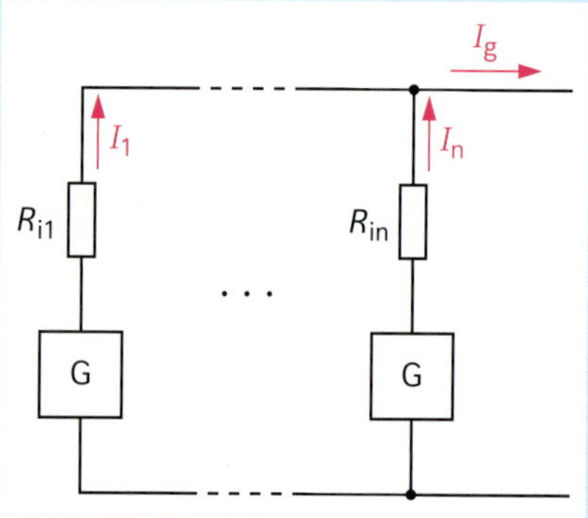

I:	Stromstärke	$[I] = \text{A}$
R_i:	Innenwiderstand	$[R_i] = \Omega$
U:	Spannung	$[U] = \text{V}$
C:	Kapazität	$[C] = \text{Ah}$

Stromstärken:

$$I_g = I_1 + I_2 + \ldots + I_n$$

Innenwiderstände:

$$\frac{1}{R_{ig}} = \frac{1}{R_{i1}} + \frac{1}{R_{i2}} + \ldots + \frac{1}{R_{in}}$$

$$R_{ig} = \frac{1}{\frac{1}{R_{i1}} + \frac{1}{R_{i2}} + \ldots + \frac{1}{R_{in}}} \qquad R_{ig} = \frac{R_i}{n}$$

Spannungen:

$$U_g = U_1 = U_2 = \ldots = U_n$$

Gesamtkapazität:

$$C_g = C_1 + C_2 + \ldots + C_n$$

3.4 Anpassung von Spannungsquellen und Last

3.4.1 Stromanpassung $R_L \ll R_i$

Ersatzschaltbild $R_L \ll R_i$

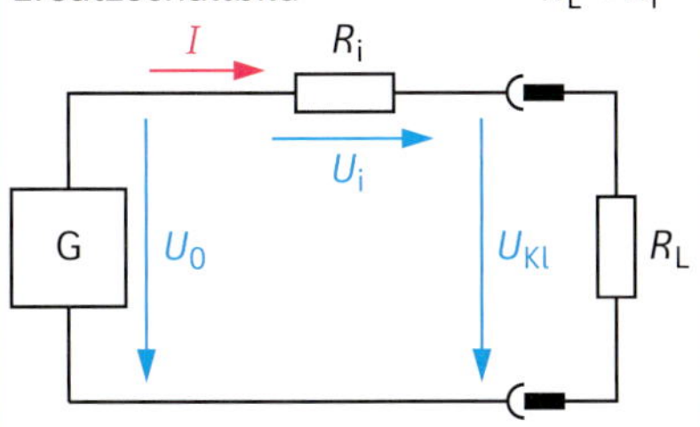

U_0: Leerlaufspannung $[U_0] = V$
I: Stromstärke $[I] = A$
R_i: Innenwiderstand $[R_i] = \Omega$
R_L: Lastwiderstand $[R_L] = \Omega$
U_{Kl}: Klemmenspannung $[U_{Kl}] = V$

Stromstärke:

$$I \approx \frac{U_0}{R_i}$$

$U_0 \approx I \cdot R_i$

$R_i \approx \frac{U_0}{I}$

Klemmenspannung:

$$U_{Kl} \approx \frac{U_0 \cdot R_L}{R_i}$$

$U_0 \approx \frac{U_{Kl} \cdot R_i}{R_L}$

$R_L \approx \frac{U_{Kl} \cdot R_i}{U_0}$

$R_i \approx \frac{U_0 \cdot R_L}{U_{Kl}}$

$$U_{Kl} = R_L \cdot I$$

$R_L = \frac{U_{Kl}}{I}$

$I = \frac{U_{Kl}}{R_L}$

3.4.2 Spannungsanpassung $R_L \gg R_i$

Ersatzschaltbild $R_L \gg R_i$

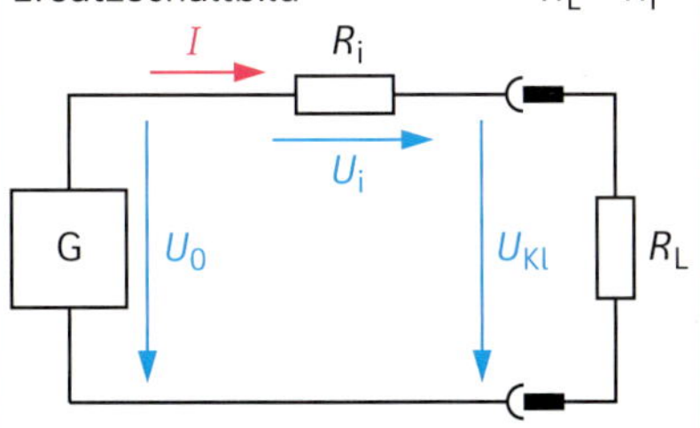

U_0: Leerlaufspannung $[U_0] = V$
I: Stromstärke $[I] = A$
R_L: Lastwiderstand $[R_L] = \Omega$
U_{Kl}: Klemmenspannung $[U_{Kl}] = V$

Stromstärke:

$$I \approx \frac{U_0}{R_L}$$

$U_0 \approx I \cdot R_L$

$R_L \approx \frac{U_0}{I}$

Klemmenspannung:

$$U_{Kl} \approx U_0$$

3.4.3 Leistungsanpassung $R_L = R_i$

Ersatzschaltbild $R_L = R_i$

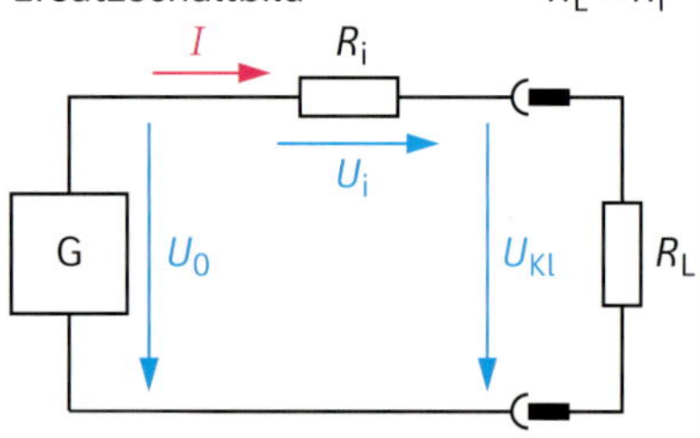

U_0:	Leerlaufspannung	$[U_0] = \text{V}$
I:	Stromstärke	$[I] = \text{A}$
R_i:	Innenwiderstand	$[R_i] = \Omega$
R_L:	Lastwiderstand	$[R_L] = \Omega$
U_{Kl}:	Klemmenspannung	$[U_{Kl}] = \text{V}$
P_L:	Leistung an der Last	$[P_L] = \text{W}$
P_i:	Leistung am Innenwiderstand	$[P_i] = \text{W}$

Bedingung:

$$R_L = R_i$$

Stromstärke:

$$I = \frac{U_0}{2 \cdot R_i} \qquad U_0 = 2 \cdot I \cdot R_i \qquad R_i = \frac{U_0}{2 \cdot I}$$

$$I = \frac{U_0}{2 \cdot R_L} \qquad U_0 = 2 \cdot I \cdot R_L \qquad R_L = \frac{U_0}{2 \cdot I}$$

Klemmenspannung:

$$U_{Kl} = \frac{U_0}{2} \qquad U_0 = 2 \cdot U_{Kl}$$

Spannungsfall am Innenwiderstand:

$$U_i = \frac{U_0}{2} \qquad U_0 = 2 \cdot U_i$$

Leistung am Lastwiderstand:

$$P_L = \frac{U_0^2}{4 \cdot R_L} \qquad U_0 = \sqrt{4 \cdot P_L \cdot R_L} \qquad R_L = \frac{U_0^2}{4 \cdot P_L}$$

Leistung am Innenwiderstand:

$$P_i = \frac{U_0^2}{4 \cdot R_i} \qquad U_0 = \sqrt{4 \cdot P_i \cdot R_i} \qquad R_i = \frac{U_0^2}{4 \cdot P_i}$$

3.5 Kapazität einer Batterie oder eines Akkumulators

C:	Kapazität	$[C] = \text{Ah}$
I:	Lade- oder Entladestromstärke	$[I] = \text{A}$
t:	Lade- oder Entladezeit	$[t] = \text{h}$

Kapazität:

$$C = I \cdot t \qquad I = \frac{C}{t} \qquad t = \frac{C}{I}$$

3.6 Photovoltaik

3.6.1 Solarzelle

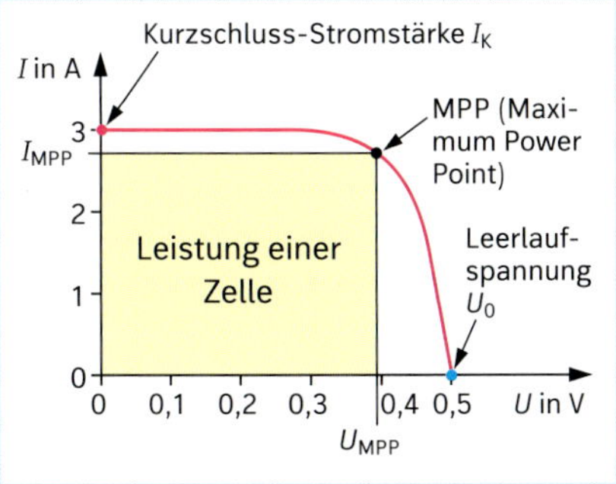

P_{MPP}: Leistung am MPP $[P_{MPP}] = W$
U_{MPP}: Spannung am MPP $[U_{MPP}] = V$
I_{MPP}: Stromstärke am MPP $[I_{MPP}] = A$
η: Wirkungsgrad der Zelle
A: wirksame Fläche $[A] = m^2$
E: Bestrahlungsstärke $[E] = \frac{W}{m^2}$

Maximalleistung einer Solarzelle:

$$P_{MPP} = U_{MPP} \cdot I_{MPP}$$

$$U_{MPP} = \frac{P_{MPP}}{I_{MPP}} \qquad I_{MPP} = \frac{P_{MPP}}{U_{MPP}}$$

Wirkungsgrad einer Solarzelle:

$$\eta = \frac{P_{MPP}}{A \cdot E}$$

$$P_{MPP} = A \cdot \eta \cdot E$$

$$A = \frac{P_{MPP}}{\eta \cdot E} \qquad E = \frac{P_{MPP}}{\eta \cdot A}$$

Der Wirkungsgrad von Solarzellen beträgt ca. $\eta = 0{,}10 \ldots 0{,}24$.

Die Bestrahlungsstärke bei Standardtestbedingungen (STC) beträgt $E = 1000\ W/m^2$.

3.6.2 Solarmodul

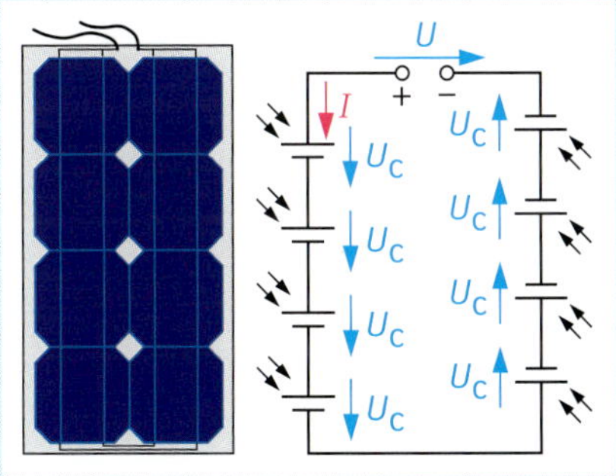

U: Spannung am Modul $[U] = V$
U_C: Spannung an einer Zelle $[U_C] = V$
n: Anzahl Zellen im Modul
P: Modulleistung $[P] = W$
I: Stromstärke $[I] = A$

Modulspannung:

$$U = n \cdot U_C$$

$$U_C = \frac{U}{n} \qquad n = \frac{U}{U_C}$$

Modulleistung:

$$P = U \cdot I$$

$$U = \frac{P}{I} \qquad I = \frac{P}{U}$$

$$P = n \cdot U_C \cdot I$$

$$U_C = \frac{P}{I \cdot n} \qquad I = \frac{P}{U_C \cdot n}$$

3.6.3 PV-Anlage

f_N in %	Ausrichtung									
	Süd	SüdOst SüdWest								Ost West
Dachneigung	0°	10°	20°	30°	40°	50°	60°	70°	80°	90°
0°	87	87	87	87	87	87	87	87	87	87
10°	93	93	93	92	92	91	90	89	88	86
20°	97	97	97	96	95	93	91	89	87	85
30°	100	99	99	97	96	94	91	88	85	82
40°	100	99	99	97	95	93	90	86	83	79
50°	98	97	96	93	93	90	87	83	79	75
60°	94	93	92	91	88	85	82	78	74	70
70°	88	87	86	85	82	79	76	72	68	70
80°	80	79	78	77	75	72	68	65	61	56
90°	69	69	69	67	65	63	60	56	53	48

E: Strahlungsintensität $[E] = \frac{W}{m^2}$

E_0: Solarkonstante (in Deutschland: $E_0 = 1\,\frac{kW}{m^2}$)

f_N: Ausrichtungs- und Neigungsfaktor

P_{PV}: Leistung der Anlage $[P_{PV}] = kW$

η: Wirkungsgrad der gesamten Anlage

A_{PV}: Gesamtfläche der Anlage $[A_{PV}] = m^2$

Y: finanzieller Ertrag $[Y] = €$

t: Bestrahlungsdauer $[t] = h$

T_{kWh}: Vergütungssatz $[T_{kWh}] = \frac{€}{kWh}$

Strahlungsintensität am Aufstellort:

$$E = E_0 \cdot f_N$$

$$E_0 = \frac{E}{f_N} \qquad f_N = \frac{E}{E_0}$$

Leistung der Gesamtanlage:

$$P_{PV} = \eta \cdot E_0 \cdot f_N \cdot A_{PV}$$

$$\eta = \frac{P_{PV}}{E_0 \cdot f_N \cdot A_{PV}} \qquad E_0 = \frac{P_{PV}}{\eta \cdot f_N \cdot A_{PV}}$$

$$f_N = \frac{P_{PV}}{\eta \cdot E_0 \cdot A_{PV}} \qquad A_{PV} = \frac{P_{PV}}{\eta \cdot E_0 \cdot f_N}$$

finanzieller Ertrag (überschlägig):

$$Y = P_{PV} \cdot t \cdot T_{kWh}$$

$$P_{PV} = \frac{Y}{t \cdot T_{kWh}} \qquad T_{kWh} = \frac{Y}{P_{PV} \cdot t}$$

4.1 Elektrisches Feld / Kondensator

4.1.1 Elektrische Feldstärke und Ladung

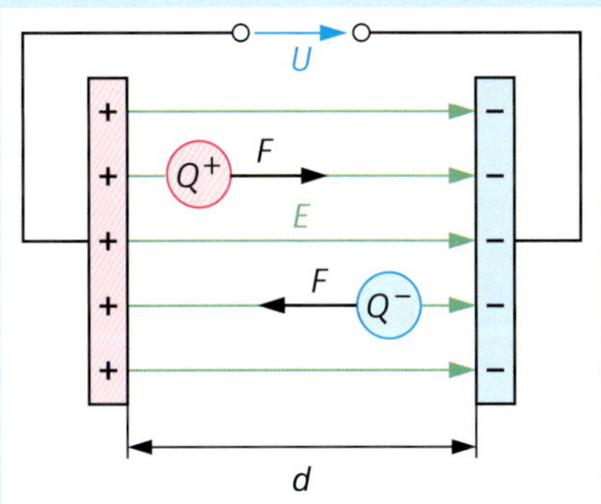

E: elektrische Feldstärke $[E] = \mathrm{V/m}$
U: Spannung $[U] = \mathrm{V}$
d: Abstand $[d] = \mathrm{m}$
F: Kraft auf eine Ladung Q $[F] = \mathrm{N}$
W: elektrische Arbeit $[W] = \mathrm{J}$
Q: Ladung $[Q] = \mathrm{C}$
n: Anzahl der Ladungsträger
e: Elementarladung $[e] = \mathrm{C}$

$e = 1{,}60210^{-19}\ \mathrm{C}$

Elektrische Feldstärke:

$$E = \frac{U}{d}$$

$U = E \cdot d$ $d = \frac{U}{E}$

Kraftwirkung auf eine Ladung:

$$F = E \cdot Q$$

$E = \frac{F}{Q}$ $Q = \frac{F}{E}$

Arbeit im elektrischen Feld:

$$W = U \cdot Q$$

$U = \frac{W}{Q}$ $Q = \frac{W}{U}$

Elektrische Ladung:

$$Q = n \cdot e$$

$n = \frac{Q}{e}$

4.1.2 Plattenkondensator

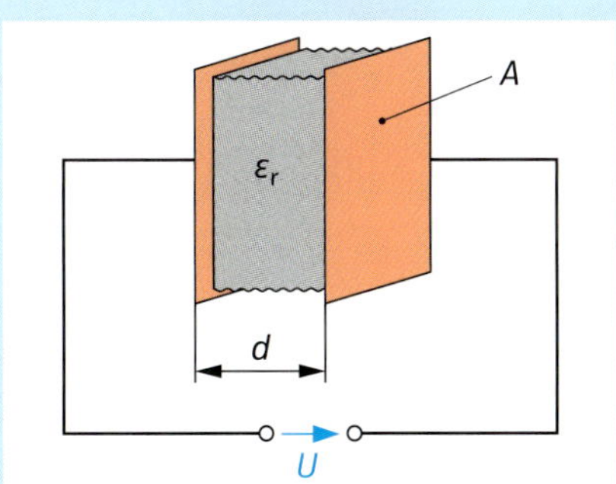

C: Kapazität $[C] = 1\ \mathrm{F} = 1\ \frac{\mathrm{As}}{\mathrm{V}}$
A: Plattenfläche $[A] = \mathrm{m}^2$
d: Plattenabstand $[d] = \mathrm{m}$
ε: Permittivität $[\varepsilon] = \frac{\mathrm{As}}{\mathrm{Vm}}$
ε_r: Dielektrizitätszahl $[\varepsilon_r] = 1$
U: Spannung $[U] = \mathrm{V}$
E_{el}: Gespeicherte Energie des Kondensators $[E_{el}] = \mathrm{J}$

$\varepsilon_0 = 8{,}85 \cdot 10^{-12}\ \frac{\mathrm{As}}{\mathrm{Vm}}$

Kapazität des Kondensators:

$$C = \varepsilon_0 \cdot \varepsilon_r \cdot \frac{A}{d}$$

$\varepsilon_r = \frac{C \cdot d}{\varepsilon_0 \cdot A}$ $A = \frac{C \cdot d}{\varepsilon_0 \cdot \varepsilon_r}$ $d = \frac{\varepsilon_0 \cdot \varepsilon_r \cdot A}{C}$

$$\varepsilon = \varepsilon_0 \cdot \varepsilon_r$$

$\varepsilon_r = \frac{\varepsilon}{\varepsilon_0}$

$$C = \varepsilon \cdot \frac{A}{d}$$

$\varepsilon = \frac{C \cdot d}{A}$ $A = \frac{C \cdot d}{\varepsilon}$ $d = \varepsilon \cdot \frac{A}{C}$

$$C = \frac{Q}{U}$$

$U = \frac{Q}{C}$ $Q = C \cdot U$

Gespeicherte Energie des Kondensators:

$$E_{el} = \frac{1}{2} \cdot C \cdot U^2$$

$C = 2 \cdot \frac{E_{el}}{U^2}$ $U = \sqrt{\frac{2 \cdot E_{el}}{C}}$

4.1.3 Zeitverhalten von Kondensatoren

Ladevorgang

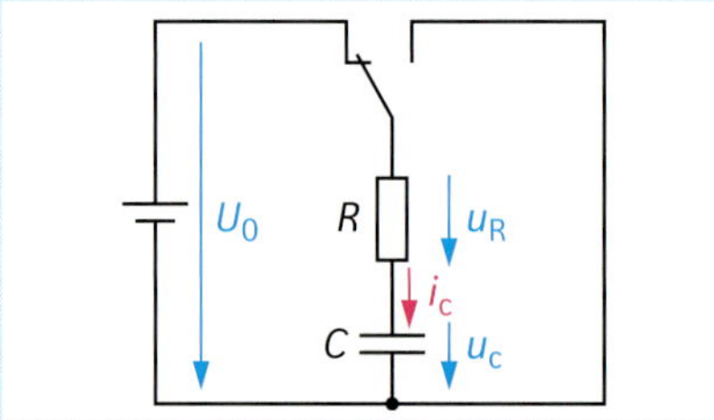

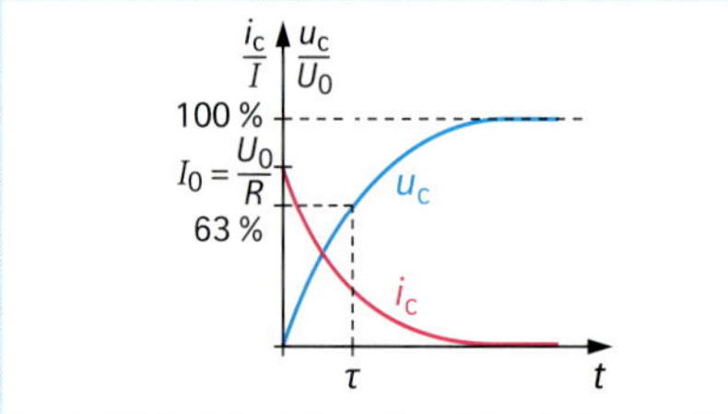

Ladung eines Kondensators:

$$u_C(t) = U_0 \cdot (1 - e^{-\frac{t}{\tau}})$$

$$U_0 = \frac{u_C(t)}{1 - e^{-\frac{t}{\tau}}} \qquad t = -\tau \cdot \ln(1 - \frac{u_C(t)}{U_0})$$

$$i_C(t) = I_0 \cdot e^{-\frac{t}{\tau}}$$

$$I_0 = \frac{i_C(t)}{e^{-\frac{t}{\tau}}} \qquad t = -\tau \cdot \ln\left(\frac{i_C(t)}{I_0}\right)$$

Entladevorgang

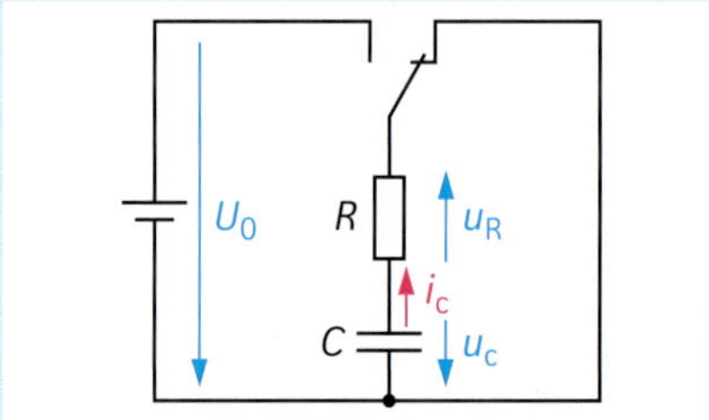

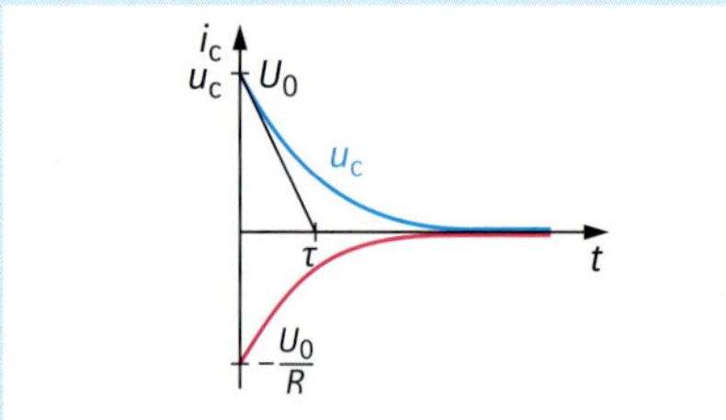

Entladung eines Kondensators:

$$u_C(t) = U_0 \cdot e^{-\frac{t}{\tau}}$$

$$U_0 = \frac{u_C(t)}{e^{-\frac{t}{\tau}}}$$

$$t = -\tau \cdot \ln\left(\frac{u_C(t)}{U_0}\right)$$

$$-i_C(t) = I_0 \cdot e^{-\frac{t}{\tau}}$$

$$I_0 = -\frac{i_C(t)}{e^{-\frac{t}{\tau}}}$$

$$t = -\tau \cdot \ln\left(-\frac{i_C(t)}{I_0}\right)$$

u_C:	Kondensatorspannung	$[u_C] = V$
U_0:	Versorgungsspannung	$[U_0] = V$
i_C:	Lade- bzw. Entladestrom des Kondensators	$[i_C] = A$
i_0:	Lade- bzw. Entladestrom zum Zeitpunkt $t = 0$ s	$[i_0] = A$
e:	Euler´sche Zahl	
τ:	Zeitkonstante	$[\tau] = s$
t:	Zeit	$[t] = s$
t_C:	Lade- bzw. Entladezeit des Kondensators	$[t_C] = s$

Zeitkonstante:

$$\tau = R \cdot C \qquad R = \frac{\tau}{C} \qquad C = \frac{\tau}{R}$$

Ladezeit/Entladezeit eines Kondensators (Richtwert):

$$t_C \approx 5 \cdot \tau \qquad \tau \approx \frac{t_C}{5}$$

4.1.4 Reihenschaltung von Kondensatoren

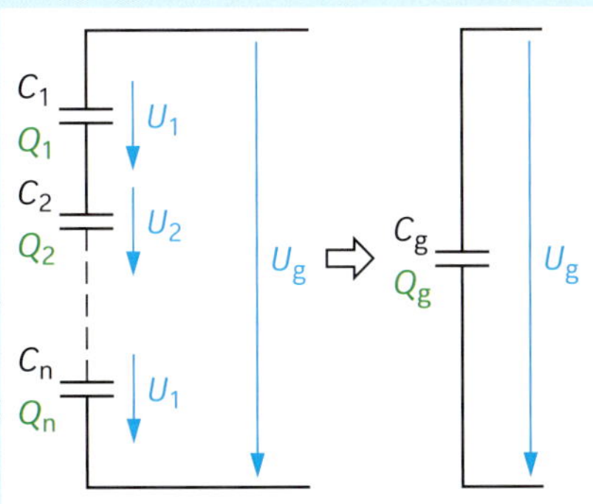

C_g: Gesamtkapazität $[C_g] = F$
C_1, C_2, C_n: Einzelkapazitäten $[C] = F$
U_g: Gesamtspannung $[U_g] = V$
U_1, U_2, U_n: Einzelspannungen $[U] = V$
Q_g: Gesamtladung $[Q_g] = C$
Q_1, Q_2, Q_n: Einzelladungen $[Q] = C$

Gesamtkapazität:

$$\frac{1}{C_g} = \frac{1}{C_1} + \frac{1}{C_2} + \dots + \frac{1}{C_n}$$

$$\frac{1}{C_1} = \frac{1}{C_g} - \frac{1}{C_2} - \dots - \frac{1}{C_n}$$

$$C_g = \frac{1}{\frac{1}{C_1} + \frac{1}{C_2} + \dots + \frac{1}{C_n}}$$

Für zwei Kondensatoren gilt:

$$C_g = \frac{C_1 \cdot C_2}{C_1 + C_2}$$

$$C_1 = \frac{C_2 \cdot C_g}{C_2 - C_g} \qquad C_2 = \frac{C_1 \cdot C_g}{C_1 - C_g}$$

Gesamtladung:

$$Q_g = Q_1 = Q_2 = \dots = Q_n$$

Gesamtspannung:

$$U_g = U_1 + U_2 + \dots + U_n$$

4.1.5 Parallelschaltung von Kondensatoren

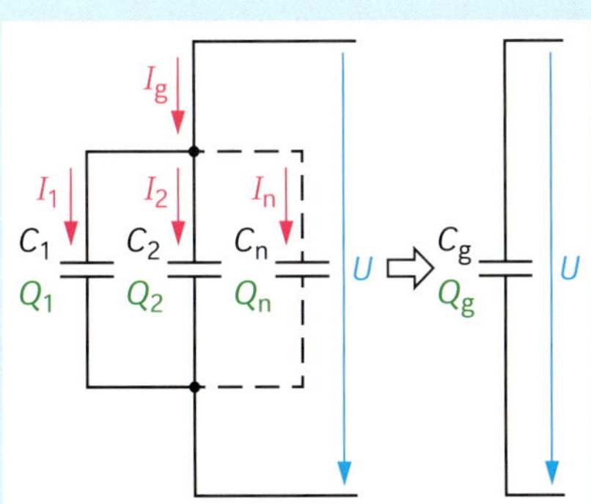

C_g: Gesamtkapazität $[C_g] = F$
C_1, C_2, C_n: Einzelkapazitäten $[C] = F$
Q_g: Gesamtladung $[Q_g] = C$
Q_1, Q_2, Q_n: Einzelladungen $[Q] = C$
U: Spannung $[U] = V$
I_g: Gesamtstromstärke $[I_g] = A$
I_1, I_2, I_n: Teilströme $[I] = A$

Gesamtkapazität:

$$C_g = C_1 + C_2 + \dots + C_n$$

$$C_1 = C_g - C_2 - \dots - C_n$$

$$C_g = \frac{Q_g}{U}$$

$$Q_g = C_g \cdot U \qquad U = \frac{Q_g}{C_g}$$

Gesamtladung:

$$Q_g = Q_1 + Q_2 + \dots + Q_n$$

$$Q_1 = Q_g - Q_2 - \dots - Q_n$$

Gesamtstromstärke:

$$I_g = I_1 + I_2 + \dots + I_n$$

4.2 Magnetisches Feld

4.2.1 Magnetische Feldgrößen

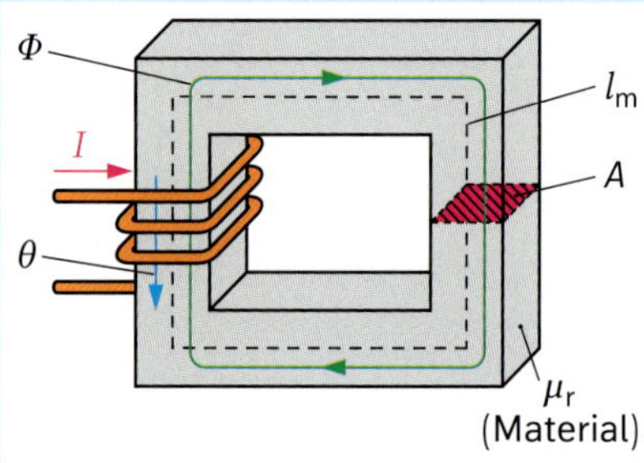

I:	Stromstärke	$[I] = \text{A}$
N:	Windungszahl	
θ:	Durchflutung, magnetische Quellenspannung	$[\theta] = \text{A}$
l_m:	mittlere Feldlinienlänge	$[l_m] = \text{m}$
Φ:	magnetischer Fluss	$[\Phi] = \text{Wb}$
R_m:	magnetischer Widerstand, Reluktanz	$[R_m] = \frac{\text{A}}{\text{Vs}}$
Λ:	magnetischer Leitwert, Permeanz	$[\Lambda] = \frac{\text{Vs}}{\text{A}}$
B:	magnetische Flussdichte	$[B] = \text{T}$
H:	magnetische Feldstärke	$[H] = \frac{\text{A}}{\text{m}}$
μ:	Permeabilität	$[\mu] = \frac{\text{Vs}}{\text{Am}}$
μ_r:	Permeabilität, relative, Materialkennwert	
μ_0:	magnetische Feldkonstante	$[\mu_0] = \frac{\text{Vs}}{\text{Am}}$

$$\mu_0 = 1{,}257 \cdot 10^{-6}\ \frac{\text{Vs}}{\text{Am}}$$

1 Wb = 1 Vs (Wb: Weber)

$1\ \text{T} = 1\ \frac{\text{Vs}}{\text{m}^2}$ (T: Testa)

Durchflutungsgesetz:

$$\theta = I \cdot N$$

$I = \frac{\theta}{N}$ $\quad N = \frac{\theta}{I}$

Magnetischer Widerstand:

$$R_m = \frac{\theta}{\Phi}$$

$\theta = R_m \cdot \Phi$ $\quad \Phi = \frac{\theta}{R_m}$

$$R_m = \frac{l_m}{\mu_r \cdot \mu_0 \cdot A}$$

$l_m = R_m \cdot \mu_r \cdot \mu_0 \cdot A$

$A = \frac{l_m}{R_m \cdot \mu_r \cdot \mu_0}$

$$\mu = \mu_0 \cdot \mu_r$$

$\mu_r = \frac{\mu}{\mu_0}$

$$R_m = \frac{l_m}{\mu \cdot A}$$

$l_m = R_m \cdot \mu \cdot A$

$A = \frac{l_m}{R_m \cdot \mu}$

Magnetischer Leitwert:

$$\Lambda = \frac{\Phi}{\theta}$$

$\Phi = \Lambda \cdot \theta$ $\quad \phi = \frac{\Phi}{\Lambda}$

$$\Lambda = \frac{1}{R_m}$$

$R_m = \frac{1}{\Lambda}$

Magnetische Flussdichte:

$$B = \frac{\Phi}{A}$$

$\Phi = B \cdot A$ $\quad A = \frac{\Phi}{B}$

$$B = \mu \cdot H$$

$H = \frac{B}{\mu}$ $\quad \mu = \frac{B}{H}$

Magnetische Feldstärke:

$$H = \frac{\theta}{l_m}$$

$\theta = l_m \cdot H$ $\quad l_m = \frac{\theta}{H}$

4.2.2 Kraftwirkungen im Magnetfeld

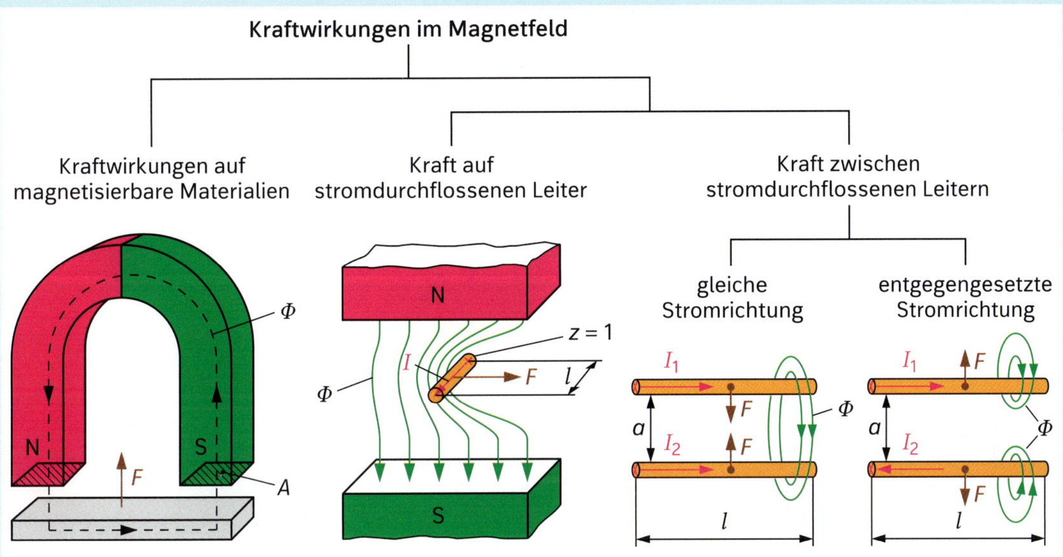

F: Kraft $[F] = \mathrm{N}$
B: magnetische Flussdichte $[B] = \mathrm{T}$
H: magnetische Feldstärke $[H] = \frac{\mathrm{A}}{\mathrm{m}}$
I: Stromstärke im Leiter $[I] = \mathrm{A}$
z: Anzahl der bewegten, wirksamen Windungen
a: Leiterabstand $[a] = \mathrm{m}$
l: wirksame Leiterlänge $[l] = \mathrm{m}$
A: Polfläche $[A] = \mathrm{m}^2$
μ_0: magnetische Feldkonstante
π: Kreisfläche

$\mu_0 = 1{,}257 \cdot 10^{-6} \frac{\mathrm{Vs}}{\mathrm{Am}}$

$\pi = 3{,}14159...$

Kraftwirkungen auf magnetische Materialien:

$$F = \frac{B^2 \cdot A}{2 \cdot \mu_0}$$

$$A = \frac{2 \cdot \mu_0 \cdot F}{B^2} \qquad B = \sqrt{\frac{2 \cdot \mu_0 \cdot F}{A}}$$

$$F = \frac{B \cdot H \cdot A}{2}$$

$$B = \frac{2 \cdot F}{H \cdot A} \qquad H = \frac{2 \cdot F}{B \cdot A} \qquad A = \frac{2 \cdot F}{B \cdot H}$$

Kraftwirkung auf stromdurchflossene Leiter (Motorprinzip):

$$F = B \cdot I \cdot l \cdot z$$

$$B = \frac{F}{I \cdot l \cdot z} \qquad I = \frac{F}{B \cdot l \cdot z} \qquad l = \frac{F}{B \cdot I \cdot z}$$

Kraft zwischen stromdurchflossenen, parallelen Leitern:

$$F = \frac{\mu_0 \cdot I_1 \cdot I_2 \cdot l}{2 \cdot \pi \cdot a}$$

$$l = \frac{2 \cdot F \cdot \pi \cdot a}{\mu_0 \cdot I_1 \cdot I_2} \qquad I_1 = \frac{2 \cdot F \cdot \pi \cdot a}{\mu_0 \cdot I_2 \cdot l}$$

$$a = \frac{\mu_0 \cdot I_1 \cdot I_2 \cdot l}{2 \cdot \pi \cdot F} \qquad I_2 = \frac{2 \cdot F \cdot \pi \cdot a}{\mu_0 \cdot I_1 \cdot l}$$

4.2.3 Magnetische Induktion

Induktion der Ruhe

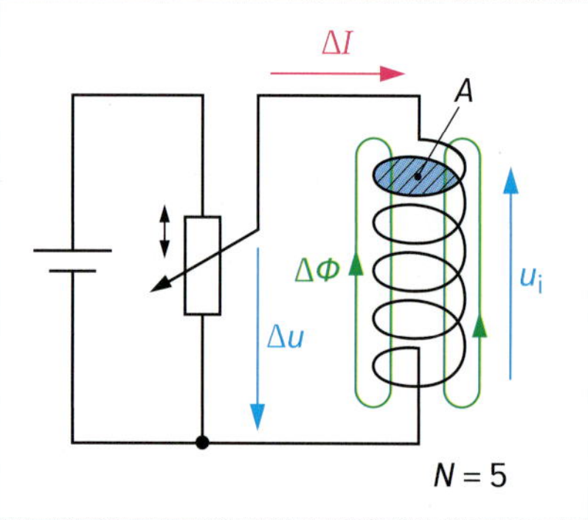

Induktion der Ruhe (Transformatorprinzip):

$$u_i = -N \cdot \frac{\Delta\Phi}{\Delta t}$$

$$N = -u_i \cdot \frac{\Delta t}{\Delta\Phi}$$

$$\Delta\Phi = -\frac{u_i}{N} \cdot \Delta t$$

$$\Delta t = -N \cdot \frac{\Delta\Phi}{u_i}$$

$$u_i = -L \cdot \frac{\Delta I}{\Delta t}$$

$$L = -u_i \cdot \frac{\Delta t}{\Delta I}$$

$$\Delta I = -\frac{u_i}{L} \cdot \Delta t$$

$$\Delta t = -\frac{L}{u_i} \cdot \Delta I$$

Induktion der Bewegung

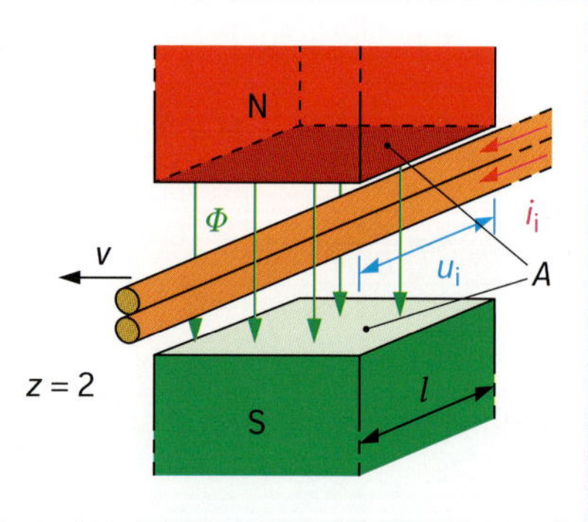

Induktion der Bewegung (Generatorprinzip):

$$u_i = B \cdot l \cdot v \cdot z$$

$$B = \frac{u_i}{l \cdot v \cdot z}$$

$$l = \frac{u_i}{B \cdot v \cdot z}$$

$$v = \frac{u_i}{B \cdot l \cdot z}$$

$$z = \frac{u_i}{B \cdot l \cdot v}$$

u_i:	Induktionsspannung	$[u_i]$	= V
$\Delta\Phi$:	Magnetischer Fluss	$[\Delta\Phi]$	= Wb
B:	magnetische Flussdichte	$[B]$	= T
v:	Bewegungsgeschwindigkeit	$[v]$	$= \frac{m}{s}$
l:	wirksame Leiterlänge	$[l]$	= m
A:	wirksame Fläche	$[A]$	$= m^2$
z:	Anzahl der wirksamen Leiterschleifen		
N:	Anzahl der Windungen		

4.2.4 Induktivität

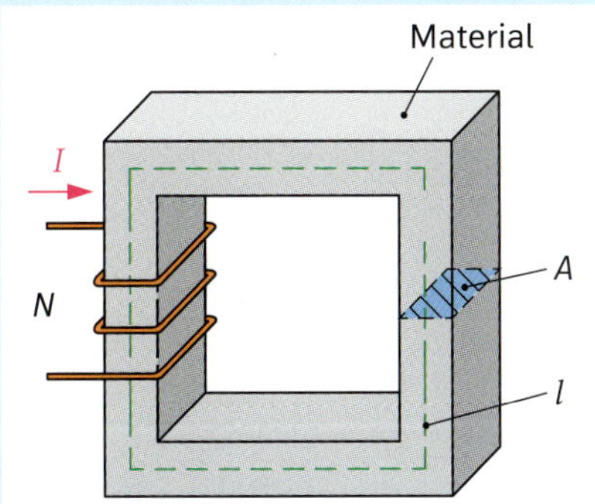

L:	Induktivität	$[L] = \mathrm{H}$
R_m:	magnetischer Widerstand	$[R_m] = \frac{\mathrm{A}}{\mathrm{Vs}}$
Λ:	magnetischer Leitwert	$[\Lambda] = \frac{\mathrm{Vs}}{\mathrm{A}}$
N:	Windungszahl	
Φ:	magnetischer Fluss	$[\Phi] = \mathrm{Wb}$
I:	Spulenstrom	$[I] = \mathrm{A}$
A:	wirksame Fläche	$[A] = \mathrm{m}^2$
μ_r:	Permeabilitätszahl, relative, Materialkennwert	$[\mu_r]$
μ_0:	mag. Feldkonstante	$[\mu_0] = \frac{\mathrm{Vs}}{\mathrm{Am}}$

$$\mu_0 = 1{,}257 \cdot 10^{-6} \frac{\mathrm{Vs}}{\mathrm{Am}}$$

$1\ \mathrm{Wb} = 1\ \mathrm{Vs}$ (Wb: Weber)

$1\ \mathrm{H} = 1 \frac{\mathrm{Vs}}{\mathrm{A}}$ (H: Henry)

Induktivität (konstruktive Eigenschaften):

$$L = \frac{N^2}{R_m}$$

$R_m = \frac{N^2}{L}$

$N = \sqrt{L \cdot R_m}$

$$L = \Lambda \cdot N^2$$

$\Lambda = \frac{L}{N^2}$ $\quad N = \sqrt{\frac{L}{\Lambda}}$

$$L = \frac{\mu_0 \cdot \mu_r \cdot A \cdot N}{l_m}$$

$$\mu = \mu_r \cdot \mu_0$$

$L = \frac{\mu \cdot A \cdot N}{l_m}$

Induktivität einer stromdurchflossenen Spule:

$$L = \frac{N \cdot \Phi}{I}$$

$N = \frac{I \cdot L}{\Phi}$ $\quad \Phi = \frac{I \cdot L}{N}$

$I = \frac{N \cdot \Phi}{L}$

4.2.5 Schaltungen von Induktivitäten

Reihenschaltung

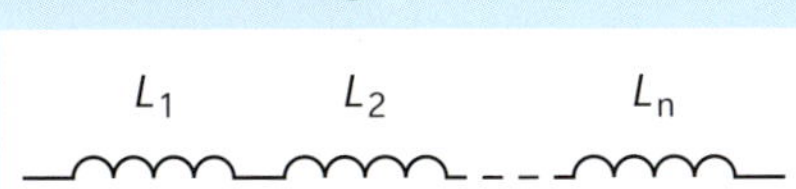

Parallelschaltung

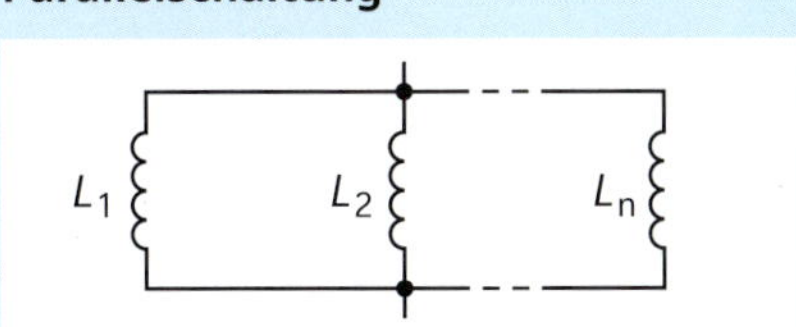

L_g: Gesamtinduktivität $[L_g] = \mathrm{H}$

L_1, L_n: Teilinduktivitäten $[L_n] = \mathrm{H}$

$$L_g = L_1 + L_2 + ... + L_n$$

$L_1 = L_g - L_2 - ... - L_n$

$$\frac{1}{L_g} = \frac{1}{L_1} + \frac{1}{L_2} + ... + \frac{1}{L_n}$$

$L_g = \frac{1}{\frac{1}{L_1} + \frac{1}{L_2} + ... + \frac{1}{L_n}}$ $\quad \frac{1}{L_1} = \frac{1}{L_g} - \frac{1}{L_2} - ... - \frac{1}{L_n}$

4.2.6 Schaltvorgänge bei Induktivitäten

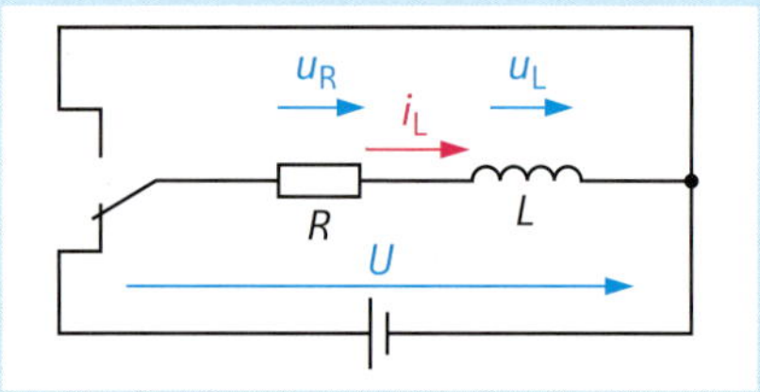

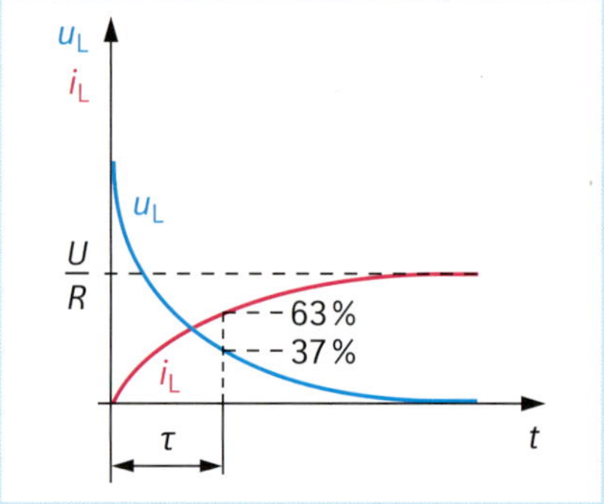

Einschaltvorgang:

$$u_L = U_0 \cdot e^{-\frac{t}{\tau}}$$

$U_0 = \frac{u_L}{e^{-t/\tau}}$

$t = -\tau \cdot \ln\left(\frac{u_L}{U_0}\right)$

$$i_L = I_{max} \cdot (1 - e^{-\frac{t}{\tau}})$$

$I_{max} = \frac{i_L}{1 - e^{-t/\tau}}$

$t = -\tau \cdot \ln(1 - \frac{i_L}{I_{max}})$

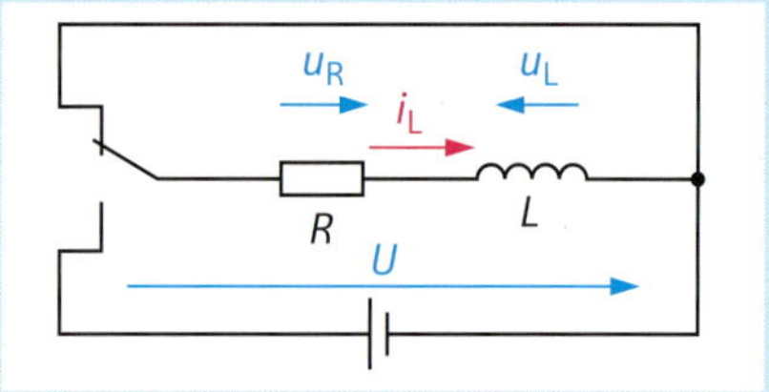

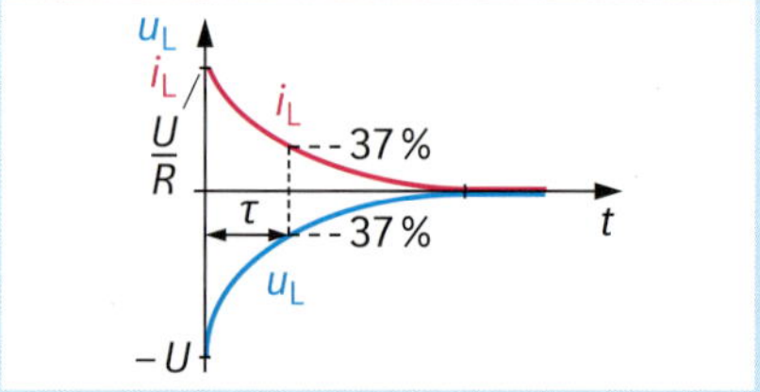

Ausschaltvorgang:

$$u_L = -U_{max} \cdot e^{-\frac{t}{\tau}}$$

$U_{max} = -\frac{u_L}{e^{-\frac{t}{t}}}$

$t = -\tau \cdot \ln\left(\frac{u_L}{U_0}\right)$

$$i_L = I_{max} \cdot e^{-\frac{t}{\tau}}$$

$I_{max} = \frac{i_L}{e^{-\frac{t}{\tau}}}$

$t = -\tau \cdot \ln\left(\frac{i_L}{I_{max}}\right)$

U_0:	Betriebsspannung	$[U_0] = V$
u_L:	Induktionsspannung	$[u_L] = V$
U_{max}:	Maximale Induktionsspannung	$[U_{max}] = V$
i_L:	Induktionsstrom	$[i_L] = A$
i_{max}:	Max. Induktionsstrom	$[i_{max}] = A$
L:	Induktivität	$[L] = H$
R:	Widerstand	$[R] = \Omega$
t:	Zeit	$[t] = s$
τ:	Zeitkonstante (Tau)	$[\tau] = s$
e:	Euler´sche Zahl	

$e = 2{,}71828$

Zeitverhalten:

$$\tau = \frac{L}{R}$$

$L = \tau \cdot R$ $\quad$ $R = \frac{L}{\tau}$

$$t = 5 \cdot \tau$$

Nach 5 τ gilt ein Induktionsvorgang als abgeschlossen.

$$U_{max} = R \cdot I_{max}$$

$R = \frac{U_{max}}{I_{max}}$ $\quad$ $I_{max} = \frac{U_{max}}{R}$

5.1 Zahlensysteme

dezimal	dual	hexadezimal	BCD
0	0	0	0000
1	1	1	0001
2	10	2	0010
3	11	3	0011
4	100	4	0100
5	101	5	0101
6	110	6	0110
7	111	7	0111
8	1000	8	1000
9	1001	9	1001
10	1010	A	00010000
11	1011	B	00010001
12	1100	C	00010010
13	1101	D	00010011
14	1110	E	00010100
15	1111	F	00010101
16	10000	10	00010110
17	10001	11	00010111
18	10010	12	00011000
19	10011	13	00011001
20	10100	14	00100000
21	10101	15	00100001
22	10110	16	00100010
23	10111	17	00100011
24	11000	18	00100100
25	11001	19	00100101
26	11010	1A	00100110
27	11011	1B	00100111
28	11100	1C	00101000
29	11101	1D	00101001
30	11110	1E	00110000
31	11111	1F	00110001

dezimal	dual	hexadezimal	BCD
32	100000	20	00110010
33	100001	21	00110011
34	100010	22	00110100
35	100011	23	00110101
36	100100	24	00110110
37	100101	25	00110111
38	100110	26	00111000
39	100111	27	00111001
40	101000	28	01000000
41	101001	29	01000001
42	101010	2A	01000010
43	101011	2B	01000011
44	101100	2C	01000100
45	101101	2D	01000101
46	101110	2E	01000110
47	101111	2F	01000111
48	110000	30	01001000
49	110001	31	01001001
50	110010	32	01010000
51	110011	33	01010001
52	110100	34	01010010
53	110101	35	01010011
54	110110	36	01010100
55	110111	37	01010101
56	111000	38	01010110
57	111001	39	01010111
58	111010	3A	01011000
59	111011	3B	01011001
60	111100	3C	01100000
61	111101	3D	01100001
62	111110	3E	01100010
63	111111	3F	01100011

5.2 Logikschaltungen

<table>
<tr><th>Symbol</th><th>Boole</th><th>Wahrheitstabelle</th><th>KOP</th><th>Zeitablaufdiagramm</th></tr>
<tr><td>UND (AND)
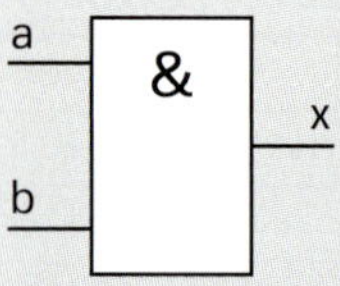</td><td>$x = a \wedge b$
bzw.
$x = a \cdot b$
$x = ab$</td><td><table><tr><th>a</th><th>b</th><th>x</th></tr><tr><td>0</td><td>0</td><td>0</td></tr><tr><td>1</td><td>0</td><td>0</td></tr><tr><td>0</td><td>1</td><td>0</td></tr><tr><td>1</td><td>1</td><td>1</td></tr></table></td><td>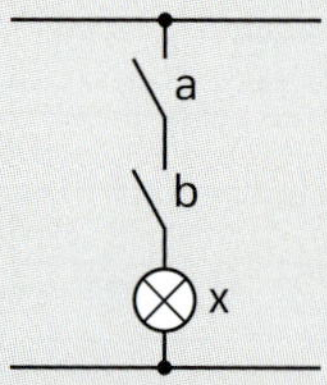</td><td>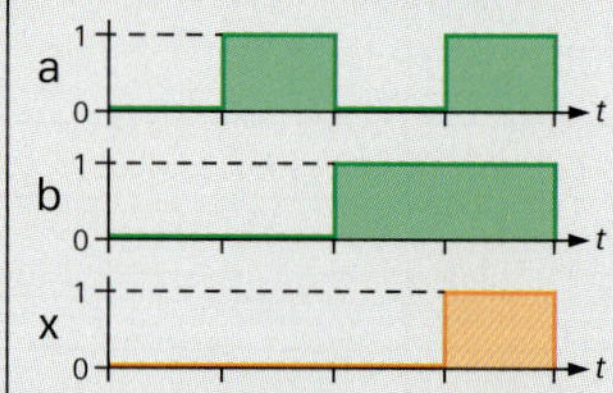</td></tr>
<tr><td>ODER (OR)
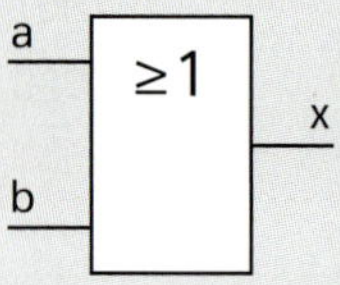</td><td>$x = a \vee b$
bzw.
$x = a + b$</td><td><table><tr><th>a</th><th>b</th><th>x</th></tr><tr><td>0</td><td>0</td><td>0</td></tr><tr><td>1</td><td>0</td><td>1</td></tr><tr><td>0</td><td>1</td><td>1</td></tr><tr><td>1</td><td>1</td><td>1</td></tr></table></td><td>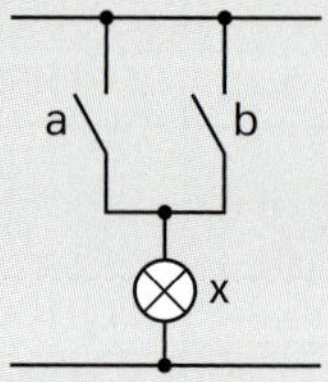</td><td>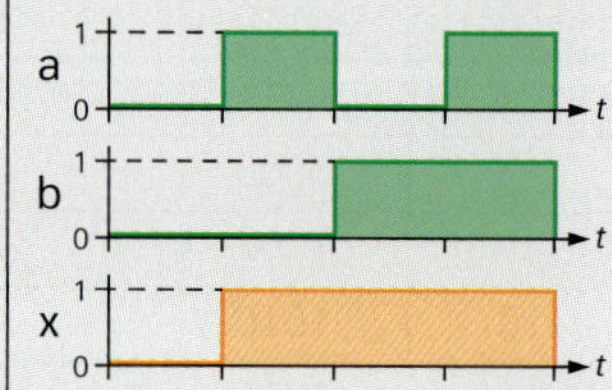</td></tr>
<tr><td>NICHT (NOT)
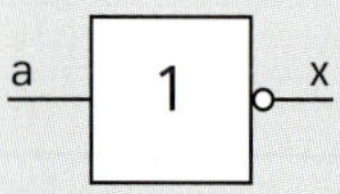</td><td>$x = \bar{a}$</td><td><table><tr><th>a</th><th>x</th></tr><tr><td>0</td><td>1</td></tr><tr><td>1</td><td>0</td></tr></table></td><td>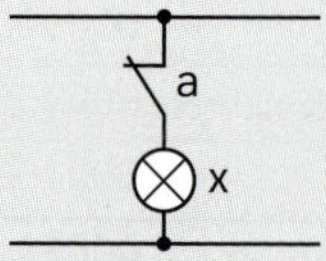</td><td>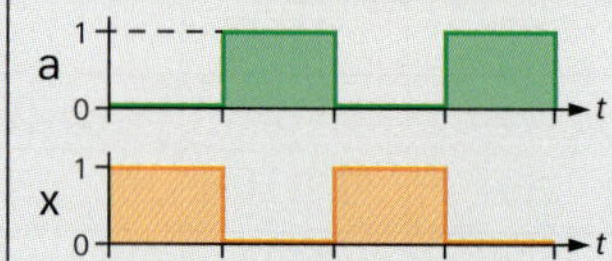</td></tr>
<tr><td>NAND
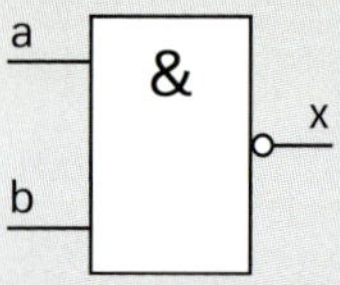</td><td>$x = \overline{a \wedge b}$</td><td><table><tr><th>a</th><th>b</th><th>x</th></tr><tr><td>0</td><td>0</td><td>1</td></tr><tr><td>1</td><td>0</td><td>1</td></tr><tr><td>0</td><td>1</td><td>1</td></tr><tr><td>1</td><td>1</td><td>0</td></tr></table></td><td>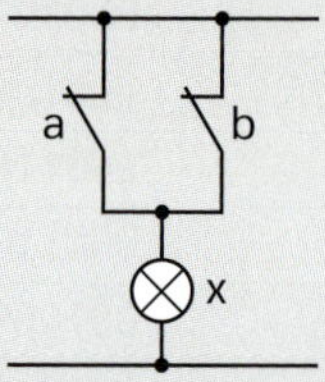</td><td>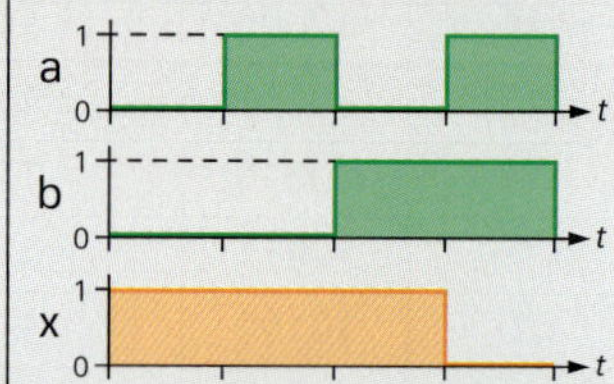</td></tr>
<tr><td>NOR
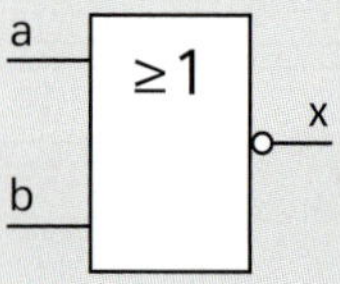</td><td>$x = \overline{a \vee b}$</td><td><table><tr><th>a</th><th>b</th><th>x</th></tr><tr><td>0</td><td>0</td><td>1</td></tr><tr><td>1</td><td>0</td><td>0</td></tr><tr><td>0</td><td>1</td><td>0</td></tr><tr><td>1</td><td>1</td><td>0</td></tr></table></td><td>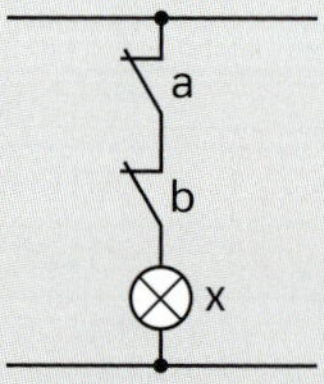</td><td>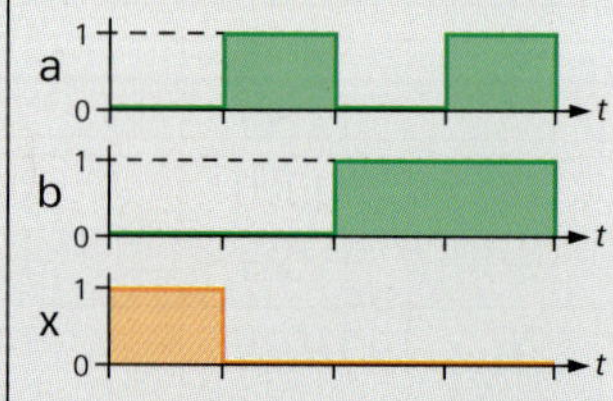</td></tr>
<tr><td>XOR
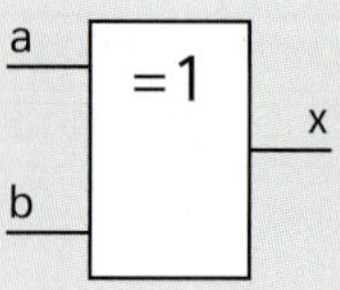</td><td>$x = (\bar{a} \wedge b)$
$\vee\ (a \wedge \bar{b})$</td><td><table><tr><th>a</th><th>b</th><th>x</th></tr><tr><td>0</td><td>0</td><td>0</td></tr><tr><td>1</td><td>0</td><td>1</td></tr><tr><td>0</td><td>1</td><td>1</td></tr><tr><td>1</td><td>1</td><td>0</td></tr></table></td><td>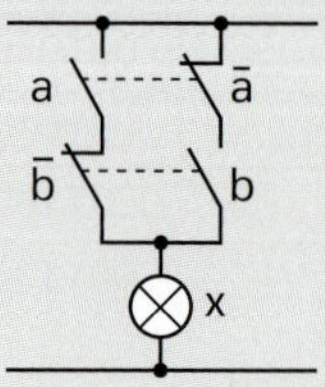</td><td>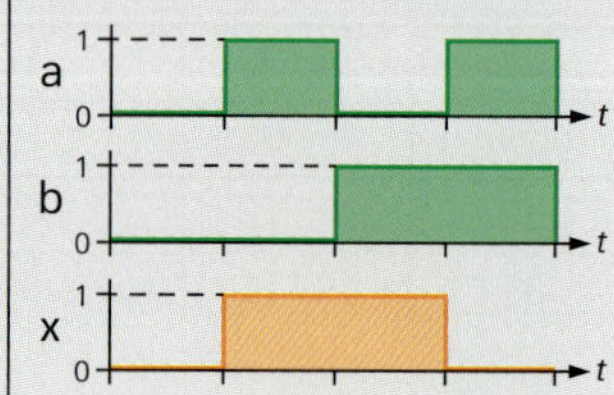</td></tr>
<tr><td>XNOR
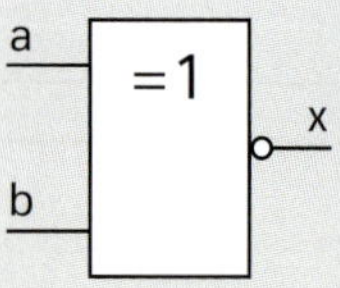</td><td>$x = (a \wedge b)$
$\vee\ (\bar{a} \wedge \bar{b})$</td><td><table><tr><th>a</th><th>b</th><th>x</th></tr><tr><td>0</td><td>0</td><td>1</td></tr><tr><td>1</td><td>0</td><td>0</td></tr><tr><td>0</td><td>1</td><td>0</td></tr><tr><td>1</td><td>1</td><td>1</td></tr></table></td><td>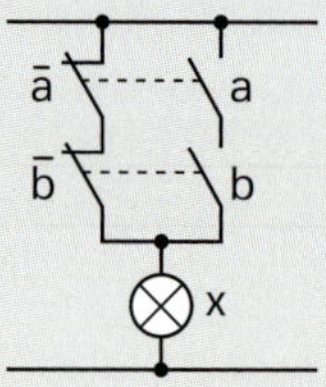</td><td>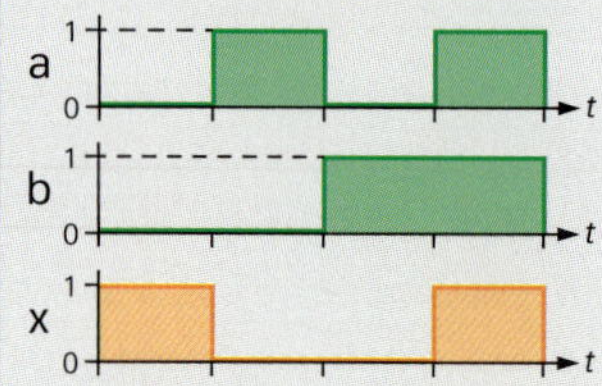</td></tr>
</table>

5.3 Boolsche Rechenregeln (Schaltalgebra)

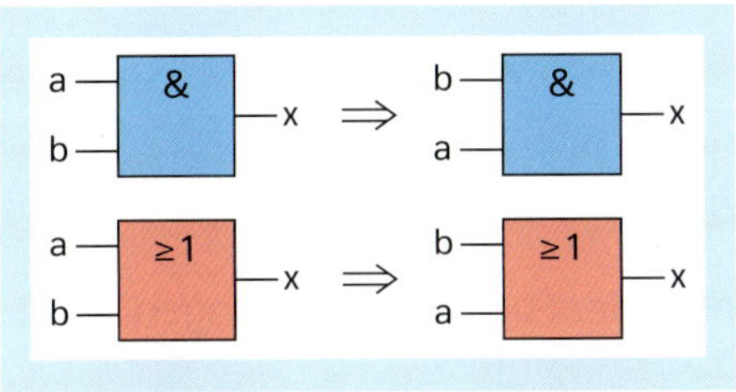

Vertauschungsregel (Kommutatives Gesetz)

$$x = a \wedge b = b \wedge a$$

$$x = a \vee b = b \vee a$$

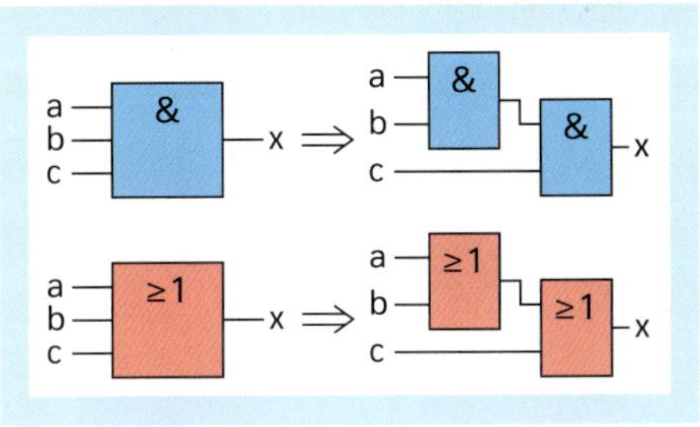

Verbindungsregel (Assoziatives Gesetz)

$$x = a \wedge b \wedge c = (a \wedge b) \wedge c$$

$$x = a \vee b \vee c = (a \vee b) \vee c$$

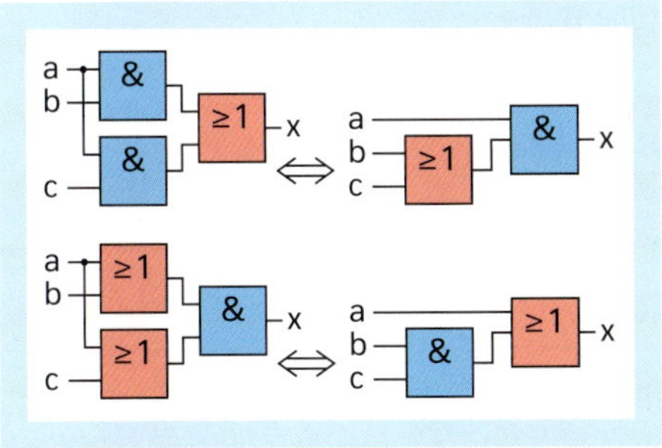

Verteilungsregel (Distributives Gesetz)

$$x = a \wedge b \vee a \wedge c = a \wedge (b \vee c)$$

$$x = a \vee b \wedge a \vee c = a \vee (b \wedge c)$$

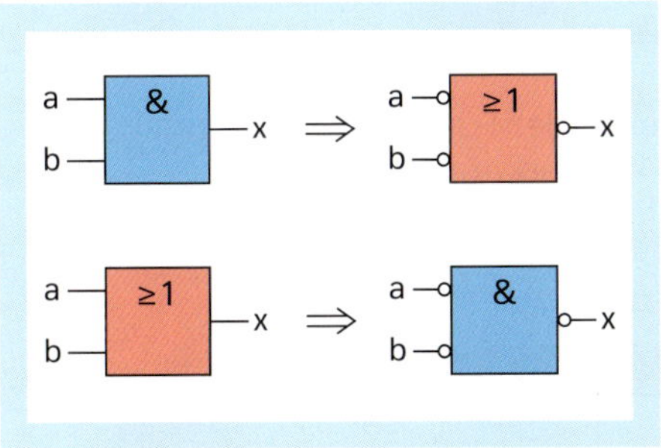

De Morgansches Gesetz

$$x = a \wedge b = \overline{\bar{a} \vee \bar{b}}$$

$$x = a \vee b = \overline{\bar{a} \wedge \bar{b}}$$

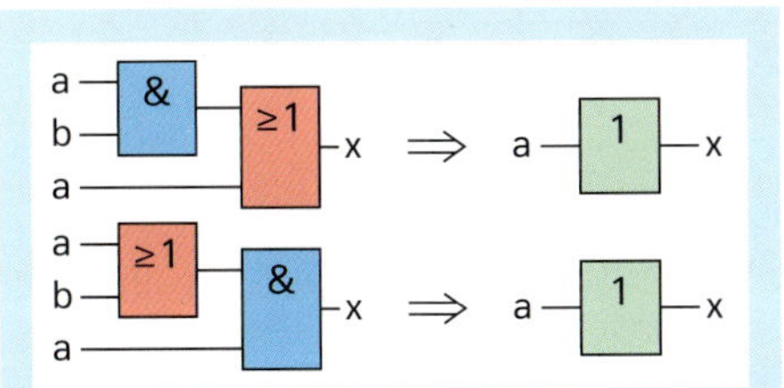

$\wedge$: logisches UND $\vee$: logisches ODER
$\bar{a}$: Negation

Aufhebungsregel (Absorbtionsgesetz)

$$x = (a \wedge b) \vee a = a$$

$$x = (a \vee b) \wedge a = a$$

5.4 Disjunktive und konjunktive Normalformen

Beispiel:

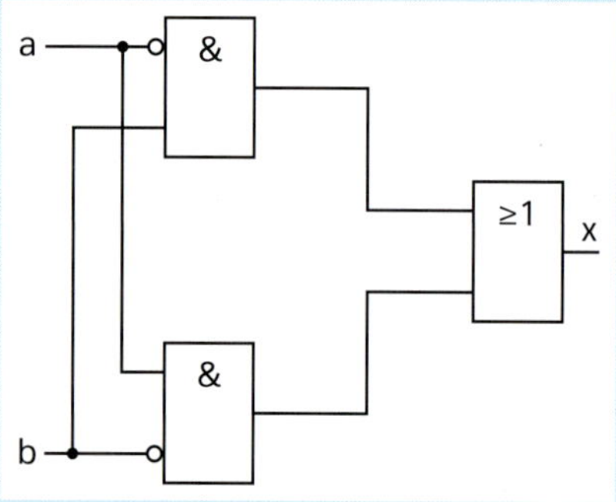

$\wedge$: logisches UND
$\vee$: logisches ODER
$\overline{a}$: Negation

Disjunktive Normalform (DNF):

1. Schritt: Auswählen aller Zeilen mit dem Funktionswert x = 1

2. Schritt: Aufstellen der Funktionsgleichungen als UND-Verknüpfung

Wahrheitstabelle:

a	b	x	
0	0	0	
0	1	1	$\overline{a} \wedge b$
1	0	1	$a \wedge \overline{b}$
1	1	0	

3. Schritt: Verknüpfung der Gleichungen als ODER-Funktion

$$(\overline{a} \wedge b) \vee (a \wedge \overline{b})$$

Beispiel:

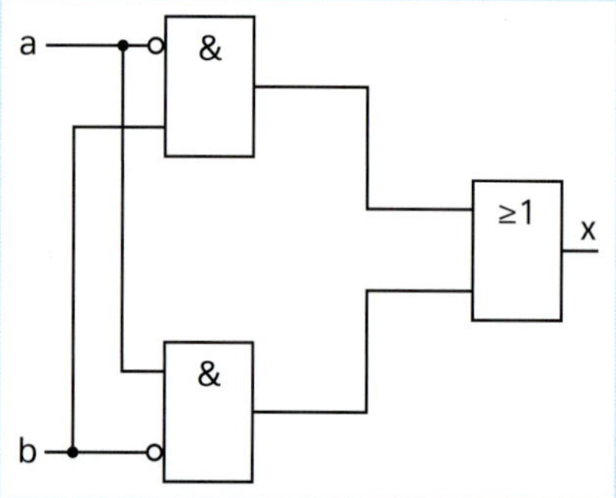

$\wedge$: logisches UND
$\vee$: logisches ODER
$\overline{a}$: Negation

Konjunktive Normalform:

1. Schritt: Auswählen aller Zeilen mit dem Funktionswert x = 0

2. Schritt: Aufstellen der Funktionsgleichungen als ODER-Verknüpfung

Wahrheitstabelle:

a	b	x	
0	0	0	$\overline{a} \vee \overline{b}$
0	1	1	
1	0	1	
1	1	0	$a \vee b$

3. Schritt: Verknüpfung der Gleichungen als UND-Funktion

$$(\overline{a} \vee \overline{b}) \wedge (a \vee b)$$

6.1 Kennwerte sinusförmiger Wechselgrößen

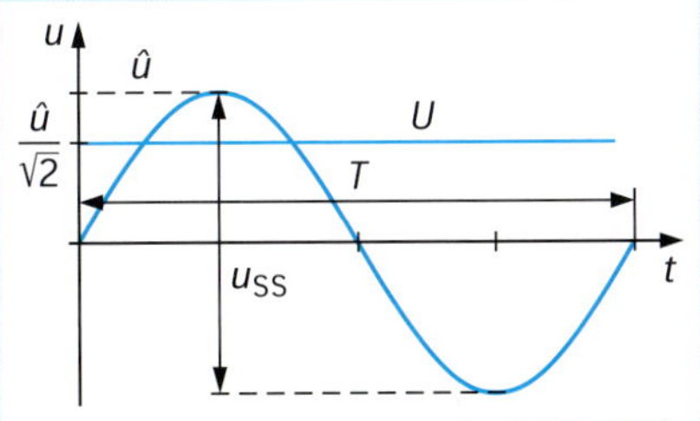

f: Frequenz	$[f]$	= Hz
T: Periodendauer	$[T]$	= s
U, I: Effektivwert (auch U_{eff}, I_{eff})	$[U]$	= V
	$[I]$	= A
$\hat{u}$, $\hat{i}$: Scheitelwert (Amplitude)	$[\hat{u}]$	= V
	$[\hat{i}]$	= A
u_{ss}, i_{ss}: Spitze-Spitze-Wert	$[u_{ss}]$	= V
	$[i_{ss}]$	= A

Frequenz und Periodendauer:

$$f = \frac{1}{T} \qquad T = \frac{1}{f}$$

Effektiv- und Scheitelwerte:

$$U = \frac{\hat{u}}{\sqrt{2}} \qquad \hat{u} = \sqrt{2} \cdot U$$

$$I = \frac{\hat{i}}{\sqrt{2}} \qquad \hat{i} = \sqrt{2} \cdot I$$

Spitze-Spitze-Werte:

$$u_{ss} = 2 \cdot \hat{u} \qquad \hat{u} = \frac{u_{ss}}{2}$$

$$i_{ss} = 2 \cdot \hat{i} \qquad \hat{i} = \frac{i_{ss}}{2}$$

6.2 Kreisfrequenz und Momentanwerte sinusförmiger Wechselgrößen

6.2.1 Kreisfrequenz

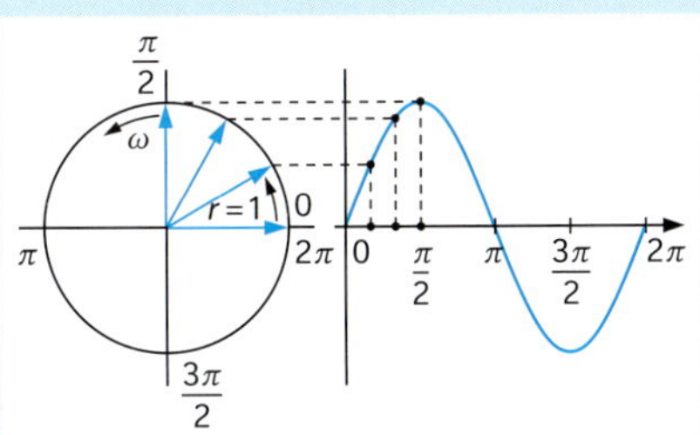

ω: Winkelgeschwindigkeit, Kreisfrequenz (omega)	$[\omega]$	$= \frac{1}{s}$
f: Frequenz	$[f]$	= Hz
T: Periodendauer	$[T]$	= s

$T \mathrel{\widehat{=}} 360°_{DEG} \mathrel{\widehat{=}} 2\pi_{RAD}$

Kreisfrequenz:

$$\omega = 2 \cdot \pi \cdot f \qquad f = \frac{\omega}{2 \cdot \pi}$$

$$\omega = \frac{2 \cdot \pi}{T} \qquad T = \frac{2 \cdot \pi}{\omega}$$

6.2.2 Momentanwerte

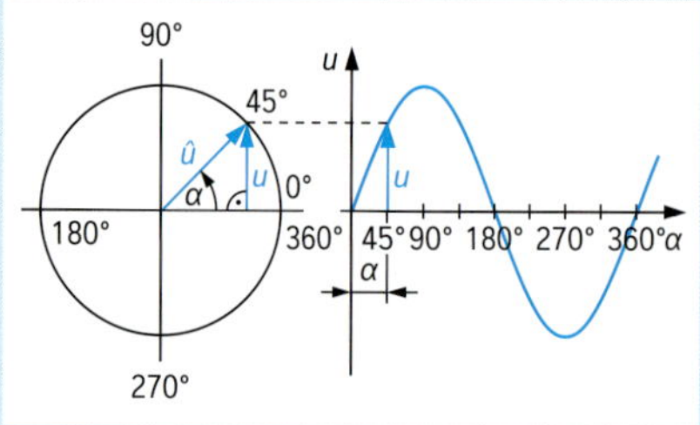

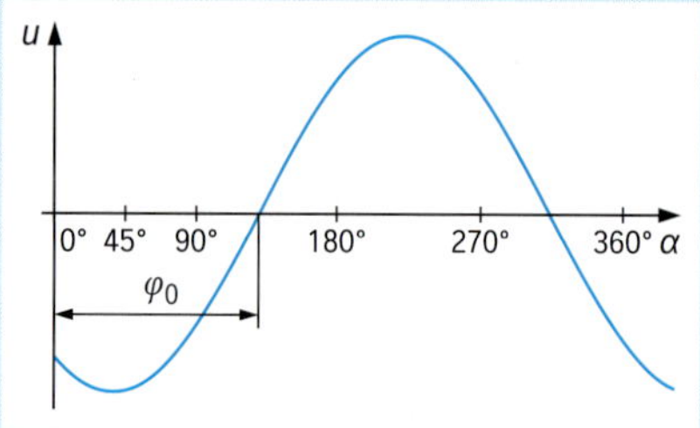

u, i:	Momentanwert	$[u]$	= V
		$[i]$	= A
$\hat{u}, \hat{\imath}$:	Scheitelwert, Amplitude	$[\hat{u}]$	= V
		$[\hat{\imath}]$	= A
α:	Phasenwinkel		
ω:	Winkelgeschwindigkeit, Kreisfrequenz (omega)	$[\omega]$	$= \frac{1}{s}$
t:	Zeit seit Nulldurchgang	$[t]$	= s
φ_0:	Nullphasenwinkel		
f:	Frequenz	$[f]$	= Hz

arcsin entspricht $\sin^{-1}$

$$u = \hat{u} \cdot \sin \alpha$$

$$\hat{u} = \frac{u}{\sin \alpha}$$

$$\alpha = \arcsin\left(\frac{u}{\hat{u}}\right)$$

$$i = \hat{\imath} \cdot \sin \alpha$$

$$\hat{\imath} = \frac{i}{\sin \alpha}$$

$$\alpha = \arcsin\left(\frac{i}{\hat{\imath}}\right)$$

Momentanwerte mit Hilfe der Kreisfrequenz:

$$u = \hat{u} \cdot \sin(\omega \cdot t - \varphi_0)$$

$$\hat{u} = \frac{u}{\sin(\omega \cdot t - \varphi_0)} \qquad \omega = \frac{\arcsin\left(\frac{u}{\hat{u}}\right) + \varphi_0}{t}$$

$$t = \frac{\arcsin\left(\frac{u}{\hat{u}}\right) + \varphi_0}{\omega} \qquad \varphi_0 = \omega \cdot t - \arcsin\left(\frac{u}{\hat{u}}\right)$$

$$i = \hat{\imath} \cdot \sin(\omega \cdot t - \varphi_0)$$

$$\hat{\imath} = \frac{i}{\sin(\omega \cdot t - \varphi_0)} \qquad \omega = \frac{\arcsin\left(\frac{i}{\hat{\imath}}\right) + \varphi_0}{t}$$

$$t = \frac{\arcsin\left(\frac{i}{\hat{\imath}}\right) + \varphi_0}{\omega} \qquad \varphi_0 = \omega \cdot t - \arcsin\left(\frac{i}{\hat{\imath}}\right)$$

Zeit und Phasenwinkel:

$$t = \frac{\alpha}{360° \cdot f}$$

$$\alpha = f \cdot t \cdot 360°$$

6.3 Ideale Wechselstromwiderstände

6.3.1 Ohmscher Widerstand im Wechselstromkreis

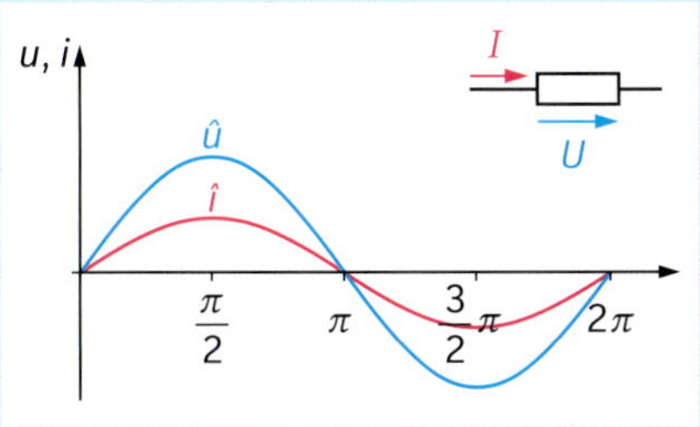

I: Effektivwert der Stromstärke $[I]$ = A
U: Effektivwert der Spannung $[U]$ = V
R: Wirkwiderstand $[R]$ = Ω
$\hat{\imath}$: Spitzenwert der Stromstärke $[\hat{\imath}]$ = A
$\hat{u}$: Spitzenwert der Spannung $[\hat{u}]$ = V
P: Wirkleistung $[P]$ = W

Effektivwerte:

$$I = \frac{U}{R}$$ $U = R \cdot I$ $R = \frac{U}{I}$

Spitzenwerte:

$$\hat{\imath} = \frac{\hat{u}}{R}$$ $\hat{u} = R \cdot \hat{\imath}$ $R = \frac{\hat{u}}{\hat{\imath}}$

Wirkleistung:

$$P = U \cdot I$$ $U = \frac{P}{I}$ $I = \frac{P}{U}$

$$P = \frac{1}{2} \cdot \hat{u} \cdot \hat{\imath}$$ $\hat{u} = \frac{2 \cdot P}{\hat{\imath}}$ $\hat{\imath} = \frac{2 \cdot P}{\hat{u}}$

Am rein ohmschen Widerstand gilt: $\cos \varphi = 1$

6.3.2 Kapazität im Wechselstromkreis

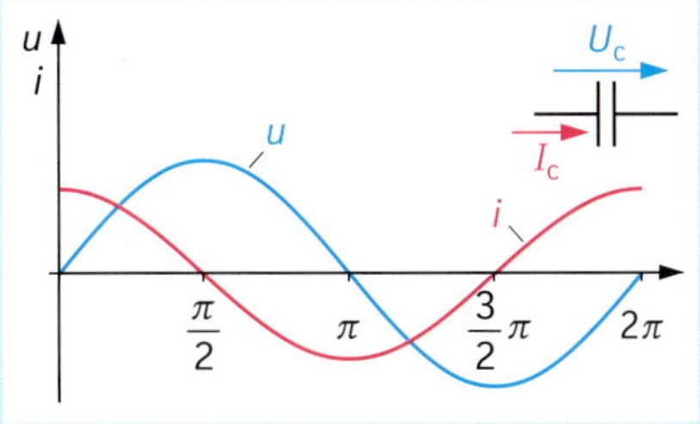

X_C: kapazitiver Blindwiderstand $[X_C]$ = Ω
C: Kapazität $[C]$ = F
f: Frequenz $[f]$ = Hz
ω: Kreisfrequenz (omega) $[\omega] = \frac{1}{s}$
I_C: Stromstärke $[I_C]$ = A
U_C: Spannung $[U_C]$ = V
Q_C: kapazitive Blindleistung $[Q_C]$ = var

Kapazitiver Blindwiderstand:

$$X_C = \frac{1}{2 \cdot \pi \cdot f \cdot C}$$ $C = \frac{1}{2 \cdot \pi \cdot f \cdot X_C}$ $f = \frac{1}{2 \cdot \pi \cdot X_C \cdot C}$

$$X_C = \frac{1}{\omega \cdot C}$$ $C = \frac{1}{\omega \cdot X_C}$ $\omega = \frac{1}{C \cdot X_C}$

Stromstärke:

$$I_C = \frac{U_C}{X_C}$$ $U_C = X_C \cdot I_C$ $X_C = \frac{U_C}{I_C}$

$$I_C = U_C \cdot 2 \cdot \pi \cdot f \cdot C$$ $U_C = \frac{I_C}{2 \cdot \pi \cdot f \cdot C}$

$C = \frac{I_C}{2 \cdot \pi \cdot f \cdot U_C}$ $f = \frac{I_C}{2 \cdot \pi \cdot U_C \cdot C}$

Kapazitive Blindleistung:

$$Q_C = U_C \cdot I_C$$ $U_C = \frac{Q_C}{I_C}$ $I_C = \frac{Q_C}{U_C}$

6.3.3 Induktivität im Wechselstromkreis

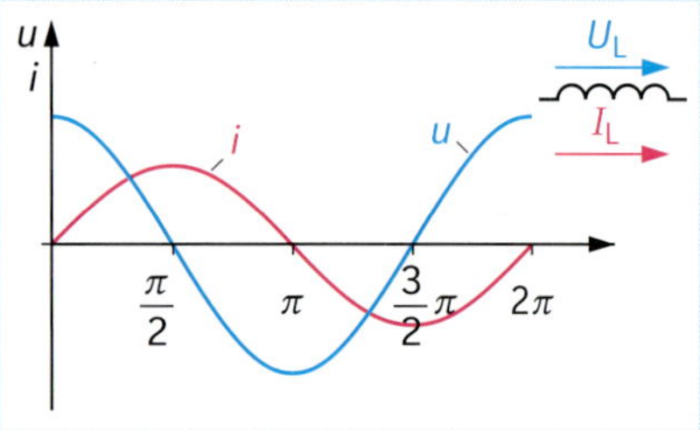

X_L:	induktiver Blindwiderstand	$[X_L] = \Omega$
L:	Induktivität	$[L] = H$
f:	Frequenz	$[f] = Hz$
ω:	Kreisfrequenz (omega)	$[\omega] = \frac{1}{s}$
I_L:	Stromstärke	$[I_L] = A$
U_L:	Spannung	$[U_L] = V$
Q_L:	induktive Blindleistung	$[Q_L] = var$

Induktiver Blindwiderstand:

$$X_L = 2 \cdot \pi \cdot f \cdot L \qquad L = \frac{X_L}{2 \cdot \pi \cdot f} \qquad f = \frac{X_L}{2 \cdot \pi \cdot L}$$

$$X_L = \omega \cdot L \qquad L = \frac{X_L}{\omega} \qquad \omega = \frac{X_L}{L}$$

Stromstärke:

$$I_L = \frac{U_L}{X_L} \qquad U_L = X_L \cdot I_L \qquad X_L = \frac{U_L}{I_L}$$

$$I_L = \frac{U_L}{2 \cdot \pi \cdot f \cdot L} \qquad U_L = 2 \cdot \pi \cdot I_L \cdot f \cdot L \qquad L = \frac{U_L}{2 \cdot \pi \cdot f \cdot I_L} \qquad f = \frac{U_L}{2 \cdot \pi \cdot I_L \cdot L}$$

induktive Blindleistung:

$$Q_L = U_L \cdot I_L \qquad U_L = \frac{Q_L}{I_L} \qquad I_L = \frac{Q_L}{U_L}$$

6.4 Leistungen im Wechselstromkreis

Leistungsdreieck

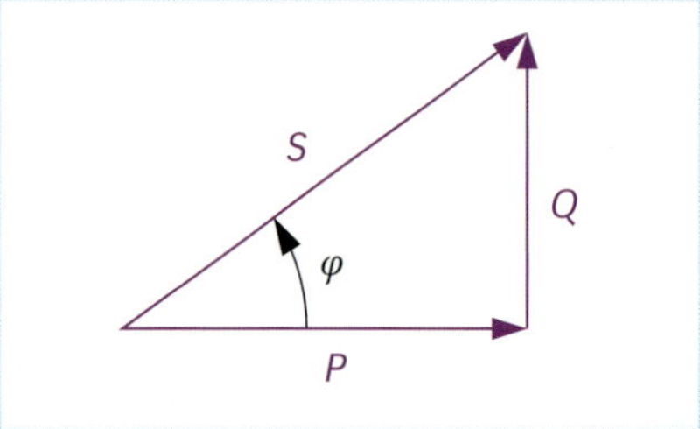

S:	Scheinleistung	$[S] = VA$
P:	Wirkleistung	$[P] = W$
Q:	Blindleistung	$[Q] = var$
U:	Spannung	$[U] = V$
I:	Stromstärke	$[I] = A$
$\cos \varphi$:	Wirkleistungsfaktor	
$\sin \varphi$:	Blindleistungsfaktor	

Scheinleistung:

$$S = U \cdot I \qquad I = \frac{S}{U} \qquad U = \frac{S}{I}$$

Wirkleistung:

$$P = U \cdot I \cdot \cos \varphi \qquad I = \frac{P}{U \cdot \cos \varphi} \qquad U = \frac{P}{I \cdot \cos \varphi}$$

$$\cos \varphi = \frac{P}{U \cdot I}$$

Blindleistung:

$$Q = U \cdot I \cdot \sin \varphi \qquad I = \frac{Q}{U \cdot \sin \varphi} \qquad U = \frac{Q}{I \cdot \sin \varphi}$$

$$\sin \varphi = \frac{Q}{U \cdot I}$$

6.5 Reihenschaltung ungleichartiger Lasten

6.5.1 Wirkwiderstand und induktiver Blindwiderstand in Reihe („reale Spule")

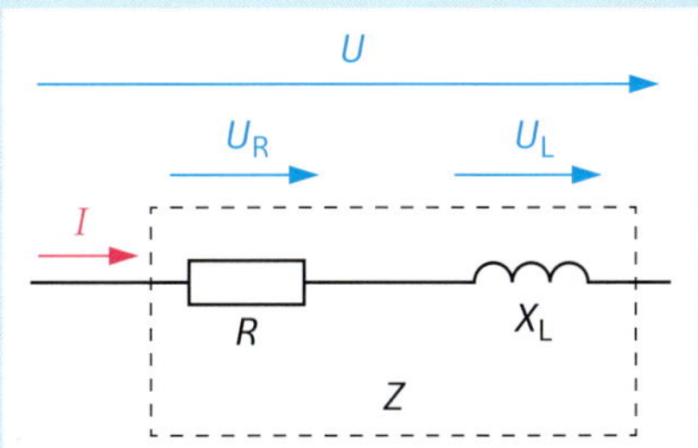

Widerstandsdreieck

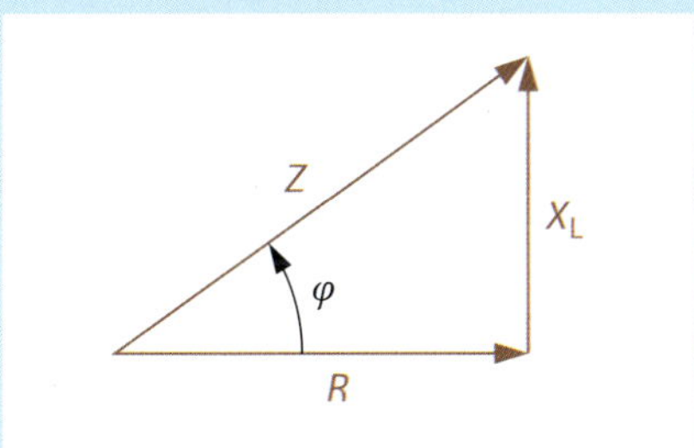

Spannungsdreieck

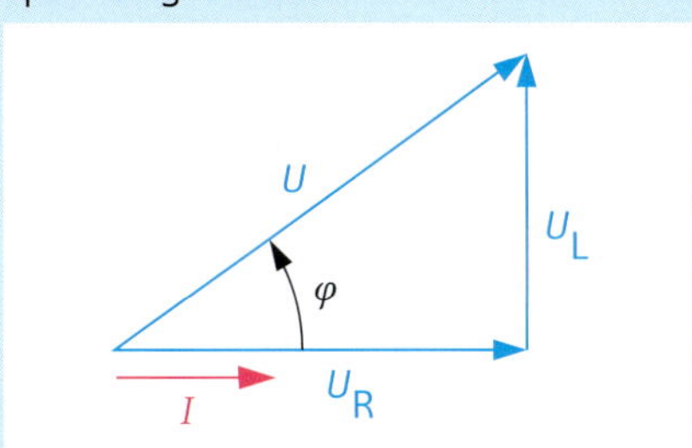

Z: Scheinwiderstand	$[Z] = \Omega$
R: Wirkwiderstand	$[R] = \Omega$
X_L: induktiver Blindwiderstand	$[X_L] = \Omega$
U: Spannung	$[U] = \mathrm{V}$
U_R: Wirkspannung	$[U_R] = \mathrm{V}$
U_L: induktive Blindspannung	$[U_L] = \mathrm{V}$
I: Stromstärke	$[I] = \mathrm{A}$
$\cos\varphi$: Wirkleistungsfaktor	
$\sin\varphi$: Blindleistungsfaktor	

Widerstände:

$$Z^2 = R^2 + X_L^2$$

$Z = \sqrt{R^2 + X_L^2}$

$X_L = \sqrt{Z^2 - R^2}$ $\quad R = \sqrt{Z^2 - X_L^2}$

$$Z = \frac{U}{I}$$

$U = Z \cdot I$

$I = \frac{U}{Z}$

$$R = Z \cdot \cos\varphi$$

$Z = \frac{R}{\cos\varphi}$ $\quad \cos\varphi = \frac{R}{Z}$

$$X_L = Z \cdot \sin\varphi$$

$Z = \frac{X_L}{\sin\varphi}$ $\quad \sin\varphi = \frac{X_L}{Z}$

$$\tan\varphi = \frac{X_L}{R}$$

$X_L = R \cdot \tan\varphi$ $\quad R = \frac{X_L}{\tan\varphi}$

Spannungen:

$$U^2 = U_R^2 + U_L^2$$

$U = \sqrt{U_R^2 + U_L^2}$

$U_L = \sqrt{U^2 - U_R^2}$

$U_R = \sqrt{U^2 - U_L^2}$

$$U_R = U \cdot \cos\varphi$$

$U = \frac{U_R}{\cos\varphi}$ $\quad \cos\varphi = \frac{U_R}{U}$

$$U_L = U \cdot \sin\varphi$$

$U = \frac{U_L}{\sin\varphi}$ $\quad \sin\varphi = \frac{U_L}{U}$

$$\tan\varphi = \frac{U_L}{U_R}$$

$U_L = U_R \cdot \tan\varphi$ $\quad U_R = \frac{U_L}{\tan\varphi}$

Stromstärke:

$$I = \frac{U_R}{R}$$

$R = \frac{U_R}{I}$ $\quad U_R = I \cdot R$

$$I = \frac{U_L}{X_L}$$

$X_L = \frac{U_L}{I}$ $\quad U_L = I \cdot X_L$

6.5.2 Wirkwiderstand und kapazitiver Blindwiderstand in Reihe

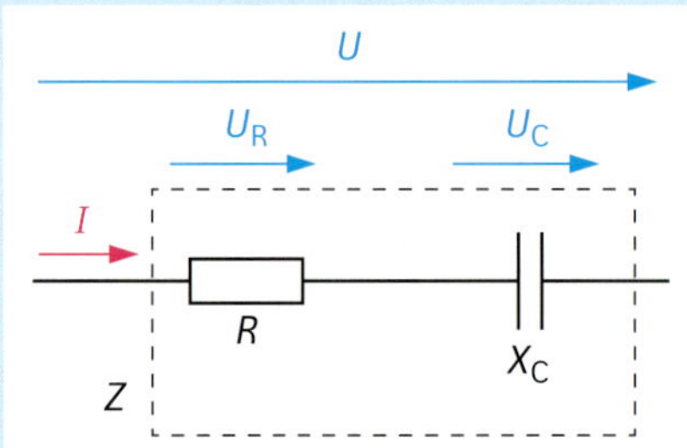

Widerstandsdreieck

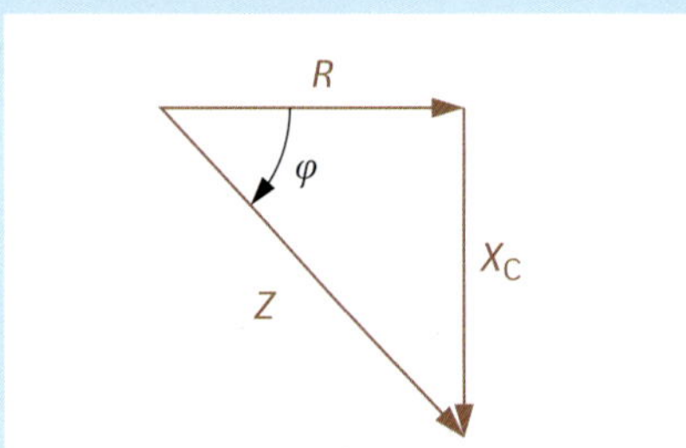

Spannungsdreieck

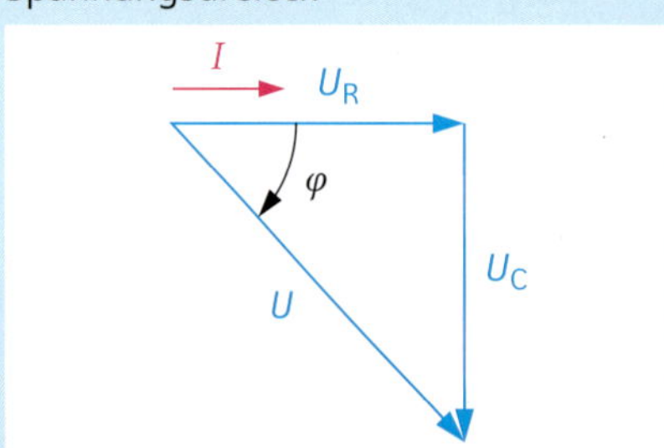

Z: Scheinwiderstand	$[Z]$	$= \Omega$
R: Wirkwiderstand	$[R]$	$= \Omega$
X_C: kapazitiver Blindwiderstand	$[X_C]$	$= \Omega$
U: Spannung	$[U]$	$= \text{V}$
U_R: Wirkspannung	$[U_R]$	$= \text{V}$
U_C: kapazitive Blindspannung	$[U_C]$	$= \text{V}$
I: Stromstärke	$[I]$	$= \text{A}$
$\cos\varphi$: Wirkleistungsfaktor		
$\sin\varphi$: Blindleistungsfaktor		

Widerstände:

$$Z^2 = R^2 + X_C{}^2$$

$Z = \sqrt{R^2 + X_C{}^2}$ $\quad X_C = \sqrt{Z^2 - R^2}$ $\quad R = \sqrt{Z^2 - X_C{}^2}$

$$Z = \frac{U}{I}$$

$U = Z \cdot I$ $\quad I = \frac{U}{Z}$

$$R = Z \cdot \cos\varphi$$

$Z = \frac{R}{\cos\varphi}$ $\quad \cos\varphi = \frac{R}{Z}$

$$X_C = Z \cdot \sin\varphi$$

$Z = \frac{X_C}{\sin\varphi}$ $\quad \sin\varphi = \frac{X_C}{Z}$

$$\tan\varphi = \frac{X_C}{R}$$

$X_C = R \cdot \tan\varphi$ $\quad R = \frac{X_C}{\tan\varphi}$

Spannungen:

$$U^2 = U_R^2 + U_C^2$$

$U = \sqrt{U_R^2 + U_C^2}$
$U_C = \sqrt{U^2 - U_R{}^2}$
$U_R = \sqrt{U^2 - U_C{}^2}$

$$U_R = U \cdot \cos\varphi$$

$U = \frac{U_R}{\cos\varphi}$ $\quad \cos\varphi = \frac{U_R}{U}$

$$U_C = U \cdot \sin\varphi$$

$U = \frac{U_C}{\sin\varphi}$ $\quad \sin\varphi = \frac{U_C}{U}$

$$\tan\varphi = \frac{U_C}{U_R}$$

$U_C = U_R \cdot \tan\varphi$ $\quad U_R = \frac{U_C}{\tan\varphi}$

Stromstärke:

$$I = \frac{U_R}{R}$$

$R = \frac{U_R}{I}$ $\quad U_R = I \cdot R$

$$I = \frac{U_C}{X_C}$$

$X_C = \frac{U_C}{I}$ $\quad U_C = I \cdot X_C$

6.5.3 Wirkwiderstand, kapazitiver und induktiver Blindwiderstand in Reihe

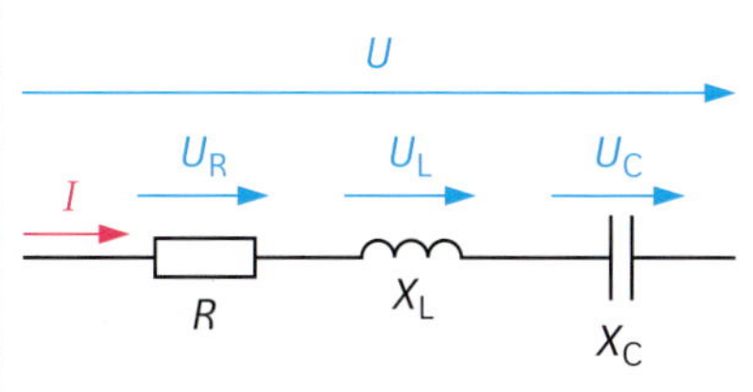

Widerstandsdreieck

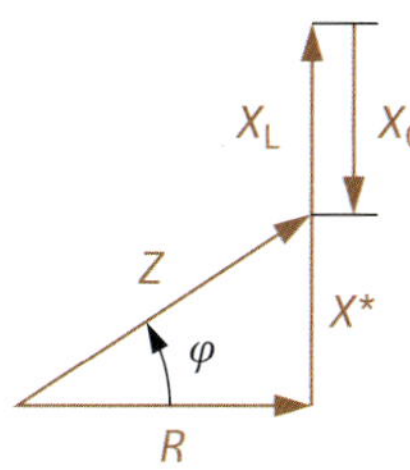

Spannungsdreieck

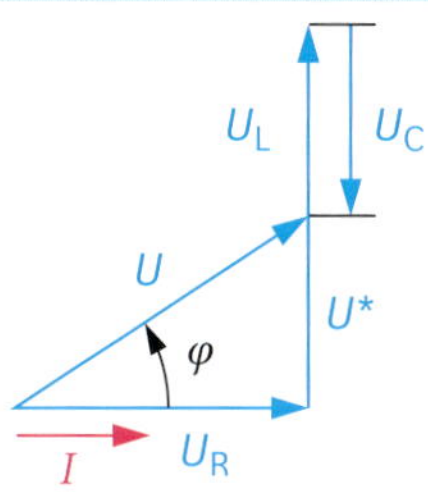

Z: Scheinwiderstand	$[Z]$	$= \Omega$
R: Wirkwiderstand	$[R]$	$= \Omega$
X_C: kapazitiver Blindwiderstand	$[X_C]$	$= \Omega$
X_L: induktiver Blindwiderstand	$[X_L]$	$= \Omega$
X^*: resultierender Blindwiderstand	$[X^*]$	$= \Omega$
U: Spannung	$[U]$	$= \mathrm{V}$
U_R: Wirkspannung	$[U_R]$	$= \mathrm{V}$
U_C: kapazitive Blindspannung	$[U_C]$	$= \mathrm{V}$
U_L: induktive Blindspannung	$[U_L]$	$= \mathrm{V}$
U^*: resultierende Blindspannung	$[U^*]$	$= \mathrm{V}$
I: Stromstärke	$[I]$	$= \mathrm{A}$
$\cos\varphi$: Wirkleistungsfaktor		
$\sin\varphi$: Blindleistungsfaktor		

Widerstände:

$$X^* = X_L - X_C$$

$X_L = X^* + X_C$

$X_C = X_L - X^*$

$$Z^2 = R^2 + (X_L - X_C)^2$$

$Z = \sqrt{R^2 + (X_L - X_C)^2}$ $\quad R = \sqrt{Z^2 - (X_L - X_C)^2}$

$X_L = X_C + \sqrt{Z^2 - R^2}$ $\quad X_C = X_L - \sqrt{Z^2 - R^2}$

$$Z = \frac{U}{I}$$

$U = Z \cdot I$

$I = \frac{U}{Z}$

$$R = Z \cdot \cos\varphi$$

$Z = \frac{R}{\cos\varphi}$ $\quad \cos\varphi = \frac{R}{Z}$

$$X^* = Z \cdot \sin\varphi$$

$Z = \frac{X^*}{\sin\varphi}$ $\quad \sin\varphi = \frac{X^*}{Z}$

$$\tan\varphi = \frac{X^*}{R}$$

$X^* = R \cdot \tan\varphi$

$R = \frac{X^*}{\tan\varphi}$

Spannungen:

$$U^* = U_L - U_C$$

$U_L = U^* + U_C$

$U_C = U_L - U^*$

$$U^2 = U_R^2 + (U_L - U_C)^2$$

$U = \sqrt{U_R^2 + (U_L - U_C)^2}$ $\quad U_R = \sqrt{U^2 - (U_L - U_C)^2}$

$U_L = U_C + \sqrt{U^2 - U_R^2}$ $\quad U_C = U_L - \sqrt{U^2 - U_R^2}$

$$U_R = U \cdot \cos\varphi$$

$U = \frac{U_R}{\cos\varphi}$ $\quad \cos\varphi = \frac{U_R}{U}$

$$U^* = U \cdot \sin\varphi$$

$U = \frac{U^*}{\sin\varphi}$ $\quad \sin\varphi = \frac{U^*}{U}$

$$\tan\varphi = \frac{U^*}{U_R}$$

$U^* = U_R \cdot \tan\varphi$

$U_R = \frac{U^*}{\tan\varphi}$

6.6 Parallelschaltung ungleichartiger Lasten

6.6.1 Wirkwiderstand und Induktivität in Parallelschaltung

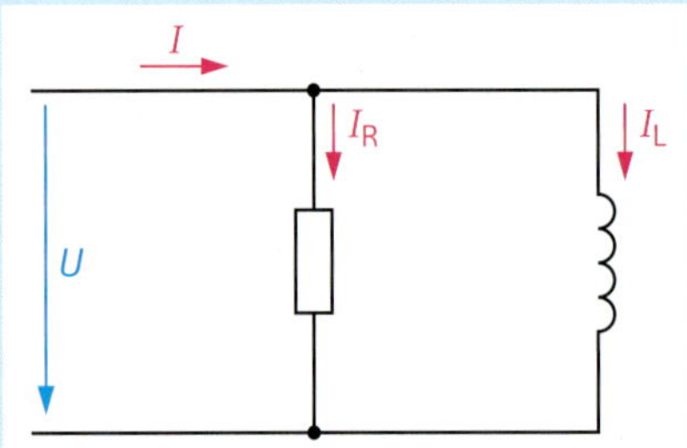

Leitwertdreieck

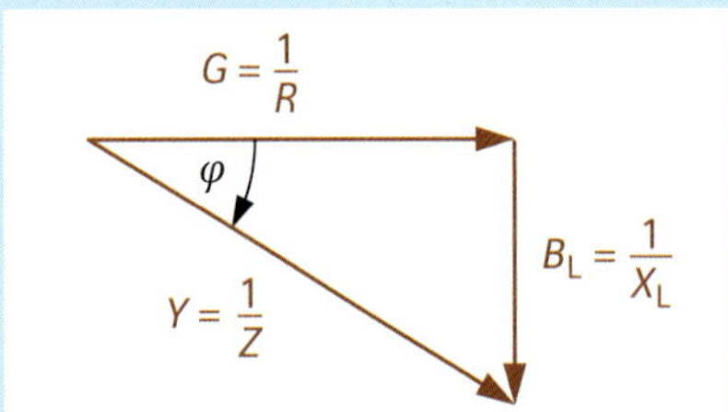

Stromdreieck

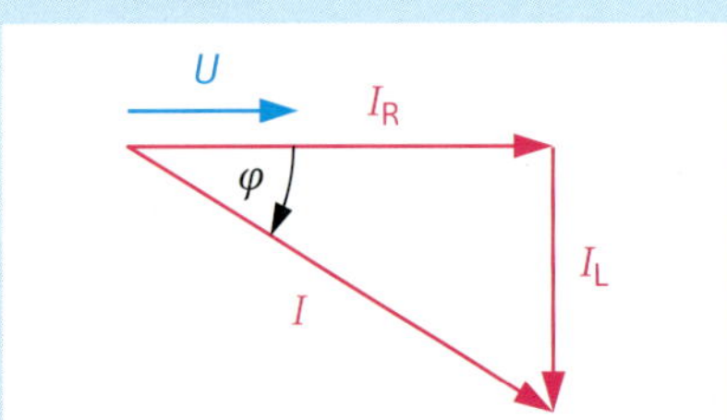

Y: Scheinleitwert	$[Y]$	= S
G: Wirkleitwert	$[G]$	= S
B_L: induktiver Blindleitwert	$[B_L]$	= S
Z: Scheinwiderstand	$[Z]$	= Ω
R: Wirkwiderstand	$[R]$	= Ω
X_L: induktiver Blindwiderstand	$[X_L]$	= Ω
I: Gesamtstromstärke	$[I]$	= A
I_R: Wirkstromstärke	$[I_R]$	= A
I_L: induktive Blindstromstärke	$[I_L]$	= A
U: Spannung	$[U]$	= V

$\cos\varphi$: Wirkleistungsfaktor

$\sin\varphi$: Blindleistungsfaktor

zur Erinnerung: $X_L = 2 \cdot \pi \cdot f \cdot L$

Leitwerte und Widerstände:

$$G = \frac{1}{R} \qquad Y = \frac{1}{Z} \qquad B_L = \frac{1}{X_L}$$

$$\left(\frac{1}{Z}\right)^2 = \left(\frac{1}{R}\right)^2 + \left(\frac{1}{X_L}\right)^2$$

$$Z = \frac{1}{\sqrt{\left(\frac{1}{R}\right)^2 + \left(\frac{1}{X^*}\right)^2}}$$

$$X^* = \frac{1}{\sqrt{\left(\frac{1}{Z}\right)^2 - \left(\frac{1}{R}\right)^2}}$$

$$R = \frac{1}{\sqrt{\left(\frac{1}{Z}\right)^2 - \left(\frac{1}{X^*}\right)^2}}$$

$$Z = \frac{U}{I} \qquad U = Z \cdot I \qquad I = \frac{U}{Z}$$

$$\frac{1}{R} = \frac{1}{Z} \cdot \cos\varphi \qquad \frac{1}{Z} = \frac{\frac{1}{R}}{\cos\varphi} \qquad \cos\varphi = \frac{\frac{1}{R}}{\frac{1}{Z}}$$

$$B_L = \frac{1}{Z} \cdot \sin\varphi \qquad \frac{1}{Z} = \frac{B_L}{\sin\varphi} \qquad \sin\varphi = \frac{B_L}{\frac{1}{Z}}$$

Stromstärken:

$$I^2 = I_R^2 + I_L^2 \qquad I = \sqrt{I_R^2 + I_L^2}$$

$$I_L = \sqrt{I^2 - I_R^2} \qquad I_R = \sqrt{I^2 - I_L^2}$$

$$I_R = I \cdot \cos\varphi \qquad I = \frac{I_R}{\cos\varphi} \qquad \cos\varphi = \frac{I_R}{I}$$

$$I_L = I \cdot \sin\varphi \qquad I = \frac{I_L}{\sin\varphi} \qquad \sin\varphi = \frac{I_L}{I}$$

$$\tan\varphi = \frac{I_L}{I_R} \qquad I_L = I_R \cdot \tan\varphi \qquad I_R = \frac{I_L}{\tan\varphi}$$

Spannung:

$$U = R \cdot I_R \qquad R = \frac{U}{I_R} \qquad I_R = \frac{U}{R}$$

$$U = X_L \cdot I_L \qquad X_L = \frac{U}{I_L} \qquad I_L = \frac{U}{X_L}$$

6.6.2 Wirkwiderstand und Kapazität in Parallelschaltung

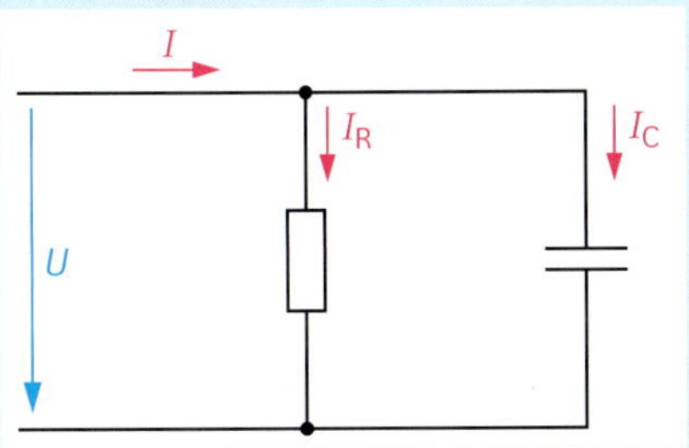

Leitwertdreieck

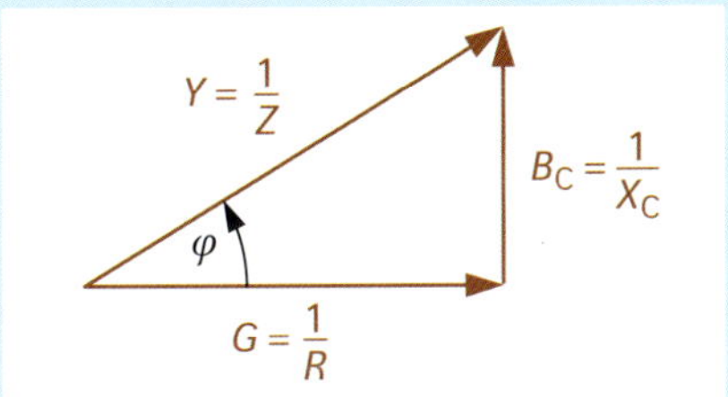

Stromdreieck

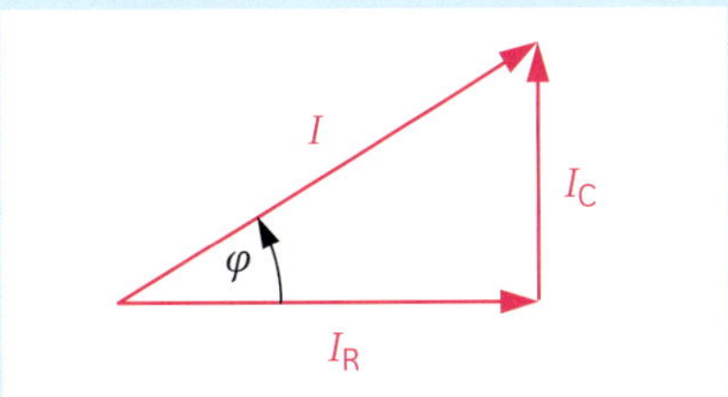

Y:	Scheinleitwert	$[Y] = \mathrm{S}$
G:	Wirkleitwert	$[G] = \mathrm{S}$
B_C:	kapazitiver Blindleitwert	$[B_C] = \mathrm{S}$
Z:	Scheinwiderstand	$[Z] = \Omega$
R:	Wirkwiderstand	$[R] = \Omega$
X_C:	kapazitiver Blindwiderstand	$[X_C] = \Omega$
I:	Gesamtstromstärke	$[I] = \mathrm{A}$
I_R:	Wirkstromstärke	$[I_R] = \mathrm{A}$
I_C:	kapazitive Blindstromstärke	$[I_C] = \mathrm{A}$
U:	Spannung	$[U] = \mathrm{V}$

$\cos\varphi$: Wirkleistungsfaktor
$\sin\varphi$: Blindleistungsfaktor

zur Erinnerung: $X_C = \frac{1}{2 \cdot \pi \cdot f \cdot C}$

Leitwerte und Widerstände:

$$G = \frac{1}{R} \qquad Y = \frac{1}{Z} \qquad B_C = \frac{1}{X_C}$$

$$\left(\frac{1}{Z}\right)^2 = \left(\frac{1}{R}\right)^2 + \left(\frac{1}{X_C}\right)^2$$

$$Z = \frac{1}{\sqrt{\left(\frac{1}{R}\right)^2 + \left(\frac{1}{X^*}\right)^2}} \qquad X^* = \frac{1}{\sqrt{\left(\frac{1}{Z}\right)^2 - \left(\frac{1}{R}\right)^2}} \qquad R = \frac{1}{\sqrt{\left(\frac{1}{Z}\right)^2 - \left(\frac{1}{X^*}\right)^2}}$$

$$Z = \frac{U}{I} \qquad U = Z \cdot I \qquad I = \frac{U}{Z}$$

$$\frac{1}{R} = \frac{1}{Z} \cdot \cos\varphi \qquad \frac{1}{Z} = \frac{\frac{1}{R}}{\cos\varphi} \qquad \cos\varphi = \frac{\frac{1}{R}}{\frac{1}{Z}}$$

$$\frac{1}{X_C} = \frac{1}{Z} \cdot \sin\varphi \qquad \frac{1}{Z} = \frac{\frac{1}{X_C}}{\sin\varphi} \qquad \sin\varphi = \frac{\frac{1}{X_C}}{\frac{1}{Z}}$$

Stromstärken:

$$I^2 = I_R^2 + I_C^2 \qquad I = \sqrt{I_R^2 + I_C^2}$$

$$I_C = \sqrt{I^2 - I_R^2} \qquad I_R = \sqrt{I^2 - I_C^2}$$

$$I_R = I \cdot \cos\varphi \qquad I = \frac{I_R}{\cos\varphi} \qquad \cos\varphi = \frac{I_R}{I}$$

$$I_C = I \cdot \sin\varphi \qquad I = \frac{I_C}{\sin\varphi} \qquad \sin\varphi = \frac{I_C}{I}$$

$$\tan\varphi = \frac{I_C}{I_R} \qquad I_C = I_R \cdot \tan\varphi \qquad I_R = \frac{I_C}{\tan\varphi}$$

Spannung:

$$U = R \cdot I_R \qquad R = \frac{U}{I_R} \qquad I_R = \frac{U}{R}$$

$$U = X_C \cdot I_C \qquad X_C = \frac{U}{I_C} \qquad I_C = \frac{U}{X_C}$$

6.6.3 Wirkwiderstand, Kapazität und Induktivität in Parallelschaltung

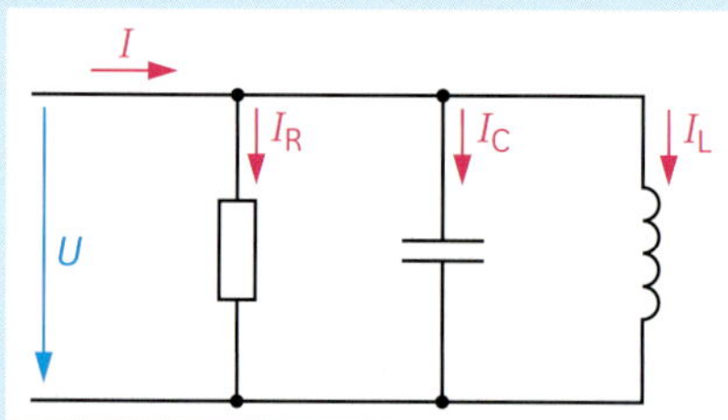

Leitwertdreieck

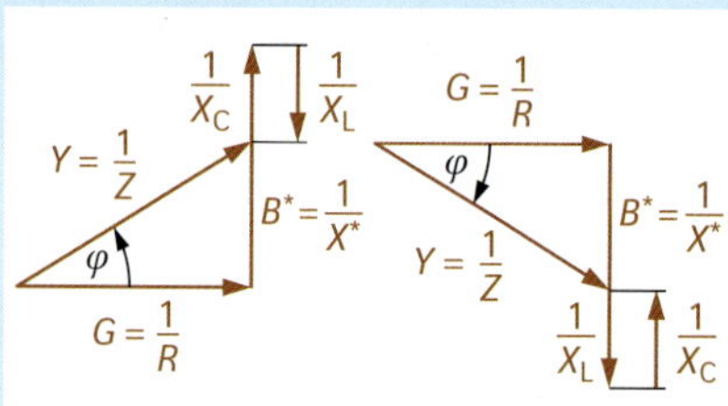

Stromdreieck

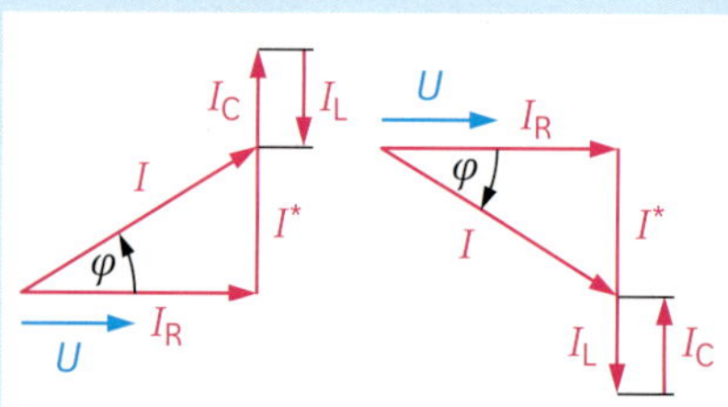

Y:	Scheinleitwert	$[Y] = \mathrm{S}$
G:	Wirkleitwert	$[G] = \mathrm{S}$
B^*:	resultierender Blindleitwert	$[B^*] = \mathrm{S}$
B_C:	kapazitiver Blindleitwert	$[B_C] = \mathrm{S}$
B_L:	induktiver Blindleitwert	$[B_L] = \mathrm{S}$
Z:	Scheinwiderstand	$[Z] = \Omega$
R:	Wirkwiderstand	$[R] = \Omega$
X^*:	result. Blindwiderstand	$[X^*] = \Omega$
X_C:	kapazit. Blindwiderstand	$[X_C] = \Omega$
X_L:	indukt. Blindwiderstand	$[X_L] = \Omega$
I:	Gesamtstromstärke	$[I] = \mathrm{A}$
I_R:	Wirkstromstärke	$[I_R] = \mathrm{A}$
I^*:	result. Blindstromstärke	$[I^*] = \mathrm{A}$
I_L:	indukt. Blindstromstärke	$[I_L] = \mathrm{A}$
I_C:	kapazit. Blindstromstärke	$[I_C] = \mathrm{A}$
U:	Spannung	$[U] = \mathrm{V}$
$\cos\varphi$:	Wirkleistungsfaktor	
$\sin\varphi$:	Blindleistungsfaktor	

Leitwerte und Widerstände:

$$G = \frac{1}{R} \qquad Y = \frac{1}{Z} \qquad B^* = \frac{1}{X^*}$$

$$B^* = |B_C - B_L| \qquad \frac{1}{X^*} = \left|\frac{1}{X_C} - \frac{1}{X_L}\right|$$

$$\left(\frac{1}{Z}\right)^2 = \left(\frac{1}{R}\right)^2 + \left(\frac{1}{X^*}\right)^2$$

$$Z = \frac{1}{\sqrt{\left(\frac{1}{R}\right)^2 + \left(\frac{1}{X^*}\right)^2}}$$

$$X^* = \frac{1}{\sqrt{\left(\frac{1}{Z}\right)^2 - \left(\frac{1}{R}\right)^2}}$$

$$R = \frac{1}{\sqrt{\left(\frac{1}{Z}\right)^2 - \left(\frac{1}{X^*}\right)^2}}$$

$$Z = \frac{U}{I} \qquad U = Z \cdot I \qquad I = \frac{U}{Z}$$

$$\frac{1}{R} = \frac{1}{Z} \cdot \cos\varphi \qquad \frac{1}{Z} = \frac{\frac{1}{R}}{\cos\varphi} \qquad \cos\varphi = \frac{\frac{1}{R}}{\frac{1}{Z}}$$

$$\frac{1}{X^*} = \frac{1}{Z} \cdot \sin\varphi \qquad \frac{1}{Z} = \frac{\frac{1}{X^*}}{\sin\varphi} \qquad \sin\varphi = \frac{\frac{1}{X^*}}{\frac{1}{Z}}$$

Stromstärken:

$$I^* = |I_C - I_L|$$

$$I^2 = I_R^2 + I^{*2} \qquad I = \sqrt{I_R^2 + I^{*2}} \qquad I^* = \sqrt{I^2 - I_R^2} \qquad I_R = \sqrt{I^2 - I^{*2}}$$

$$I_R = I \cdot \cos\varphi \qquad I = \frac{I_R}{\cos\varphi} \qquad \cos\varphi = \frac{I_R}{I}$$

$$I^* = I \cdot \sin\varphi \qquad I = \frac{I^*}{\sin\varphi} \qquad \sin\varphi = \frac{I^*}{I}$$

$$\tan\varphi = \frac{I^*}{I_R} \qquad I^* = I_R \cdot \tan\varphi \qquad I_R = \frac{I^*}{\tan\varphi}$$

Spannung:

$$U = R \cdot I_R \qquad R = \frac{U}{I_R} \qquad I_R = \frac{U}{R}$$

$$U = X^* \cdot I^* \qquad X^* = \frac{U}{I^*} \qquad I^* = \frac{U}{X^*}$$

6.7 Drehstromtechnik

6.7.1 Sternschaltung

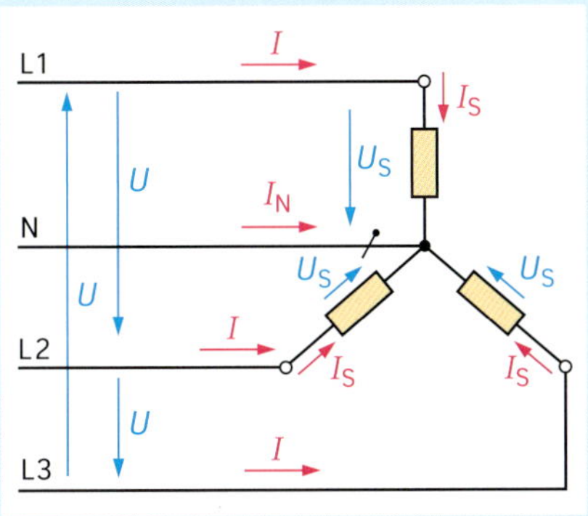

- I: Außenleiterstromstärke $[I] = \text{A}$
- I_S: Strangstromstärke $[I_S] = \text{A}$
- U: Außenleiterspannung $[U] = \text{V}$
- U_S: Strangspannung $[U_S] = \text{V}$
- S: gesamte Scheinleistung $[S] = \text{VA}$
- P: gesamte Wirkleistung $[P] = \text{W}$
- Q: gesamte Blindleistung $[Q] = \text{var}$

Symmetrische Belastung:

$$I = I_S$$

$$U = \sqrt{3} \cdot U_S \qquad U_S = \frac{U}{\sqrt{3}}$$

Leistungen bei Symmetrie:

$$S = 3 \cdot U_S \cdot I_S \qquad U_S = \frac{S}{3 \cdot I_S} \qquad I_S = \frac{S}{3 \cdot U_S}$$

$$S = \sqrt{3} \cdot U \cdot I \qquad U = \frac{S}{\sqrt{3} \cdot I} \qquad I = \frac{S}{\sqrt{3} \cdot U}$$

$$P = \sqrt{3} \cdot U \cdot I \cdot \cos\varphi \qquad U = \frac{P}{\sqrt{3} \cdot I \cdot \cos\varphi} \qquad I = \frac{P}{\sqrt{3} \cdot U \cdot \cos\varphi} \qquad \cos\varphi = \frac{P}{\sqrt{3} \cdot U \cdot I}$$

$$Q = \sqrt{3} \cdot U \cdot I \cdot \sin\varphi \qquad U = \frac{Q}{\sqrt{3} \cdot I \cdot \sin\varphi} \qquad I = \frac{Q}{\sqrt{3} \cdot U \cdot \sin\varphi} \qquad \sin\varphi = \frac{Q}{\sqrt{3} \cdot U \cdot I}$$

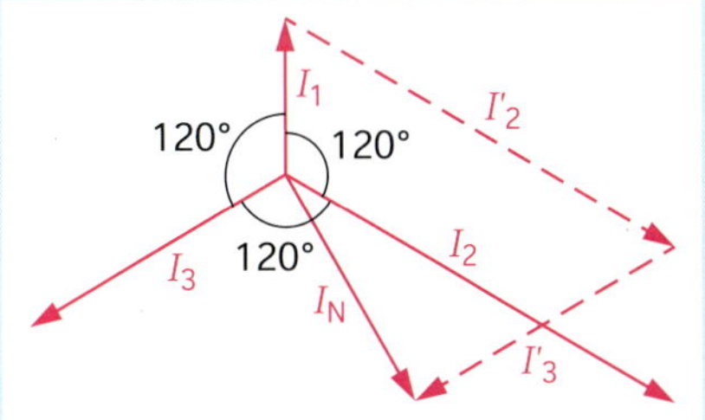

- I_1, I_2, I_3: Stromstärken in den Außenleitern $[I_1, I_2, I_3] = \text{A}$
- I_N: Stromstärke im Neutralleiter $[I_N] = \text{A}$
- S_1, S_2, S_3: Strangleistungen $[S_1, S_2, S_3] = \text{VA}$

Unsymmetrische Belastung:

$$I_N = \sqrt{0{,}75 \cdot (I_2 - I_3)^2 + (I_1 - 0{,}5 \cdot I_2 - 0{,}5 \cdot I_3)^2}$$

$$S = S_1 + S_2 + S_3 \qquad S_1 = S - S_2 - S_3 \qquad S_2 = S - S_1 - S_3 \qquad S_3 = S - S_1 - S_2$$

6.7.2 Dreieckschaltung

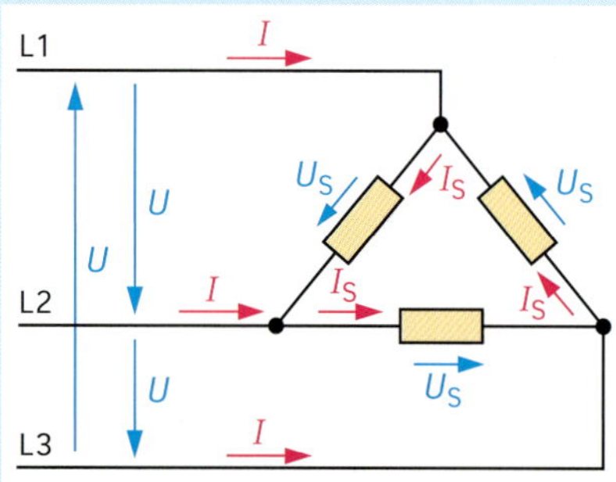

I:	Außenleiterstromstärke	$[I]$ = A
I_S:	Strangstromstärke	$[I_S]$ = A
U:	Außenleiterspannung	$[U]$ = V
U_S:	Strangspannung	$[U_S]$ = V
S:	gesamte Scheinleistung	$[S]$ = VA
P:	gesamte Wirkleistung	$[P]$ = W
Q:	gesamte Blindleistung	$[Q]$ = var

Symmetrische Belastung:

$$I = \sqrt{3} \cdot I_S \qquad I_S = \frac{I}{\sqrt{3}}$$

$$U_S = U$$

Leistungen bei Symmetrie:

$$S = 3 \cdot U_S \cdot I_S \qquad U_S = \frac{S}{3 \cdot I_S} \qquad I_S = \frac{S}{3 \cdot U_S}$$

$$S = \sqrt{3} \cdot U \cdot I \qquad U = \frac{S}{\sqrt{3} \cdot I} \qquad I = \frac{S}{\sqrt{3} \cdot U}$$

$$P = \sqrt{3} \cdot U \cdot I \cdot \cos\varphi \qquad U = \frac{P}{\sqrt{3} \cdot I \cdot \cos\varphi} \qquad I = \frac{P}{\sqrt{3} \cdot U \cdot \cos\varphi} \qquad \cos\varphi = \frac{P}{\sqrt{3} \cdot U \cdot I}$$

$$Q = \sqrt{3} \cdot U \cdot I \cdot \sin\varphi \qquad U = \frac{Q}{\sqrt{3} \cdot I \cdot \sin\varphi} \qquad I = \frac{Q}{\sqrt{3} \cdot U \cdot \sin\varphi} \qquad \sin\varphi = \frac{Q}{\sqrt{3} \cdot U \cdot I}$$

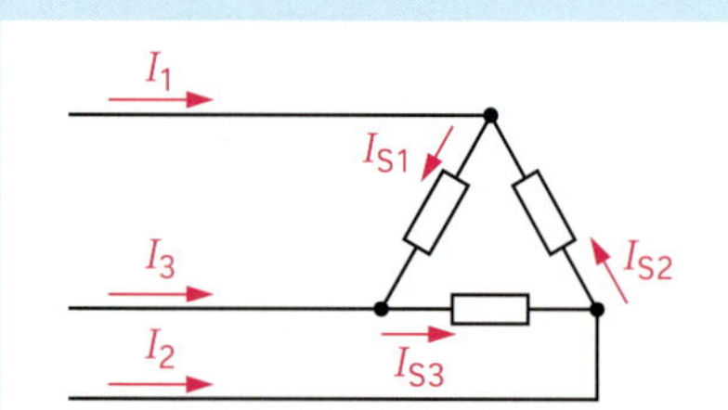

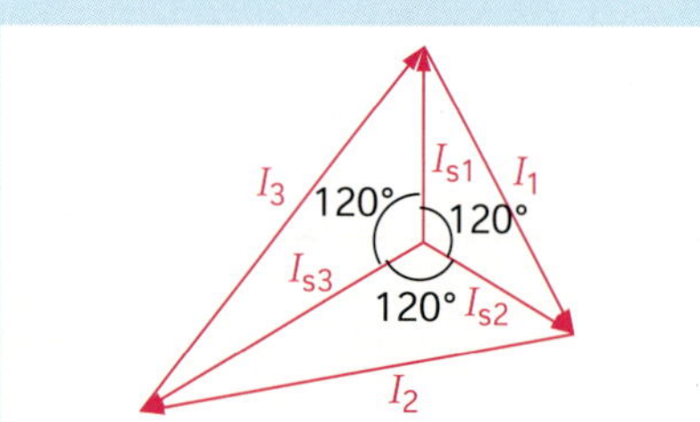

I_1, I_2, I_3: Stromstärken in den Außenleitern

I_{S1}, I_{S2}, I_{S3}: Stromstärken in den Strägen

S_1, S_2, S_3: Strangleistungen

Unsymmetrische Belastung:

$$I_1 = \sqrt{I_{S1}^2 + I_{S2}^2 + I_{S1} \cdot I_{S2}}$$

$$I_2 = \sqrt{I_{S2}^2 + I_{S3}^2 + I_{S2} \cdot I_{S3}}$$

$$I_3 = \sqrt{I_{S3}^2 + I_{S1}^2 + I_{S3} \cdot I_{S1}}$$

$$S = S_1 + S_2 + S_3$$

$$S_1 = S - S_2 - S_3$$

$$S_2 = S - S_1 - S_3$$

$$S_3 = S - S_1 - S_2$$

6.8 Blindleistungskompensation

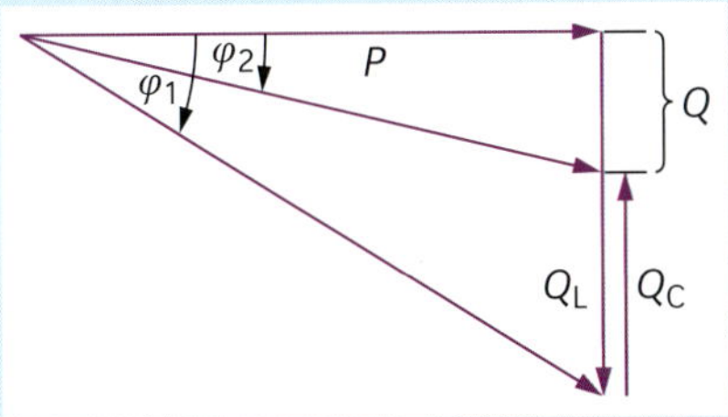

Im Wechselstromnetz

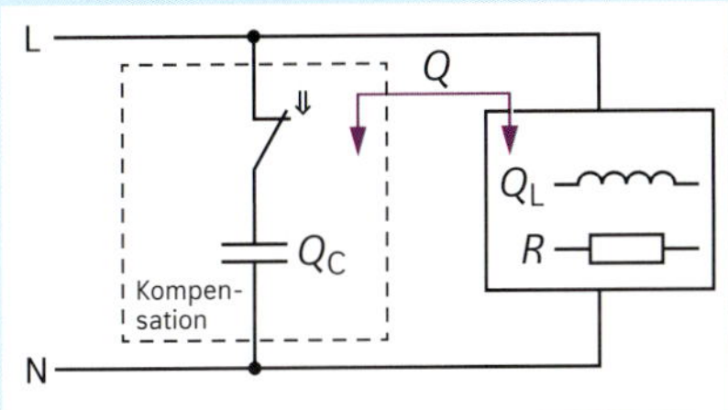

Im Drehstromnetz

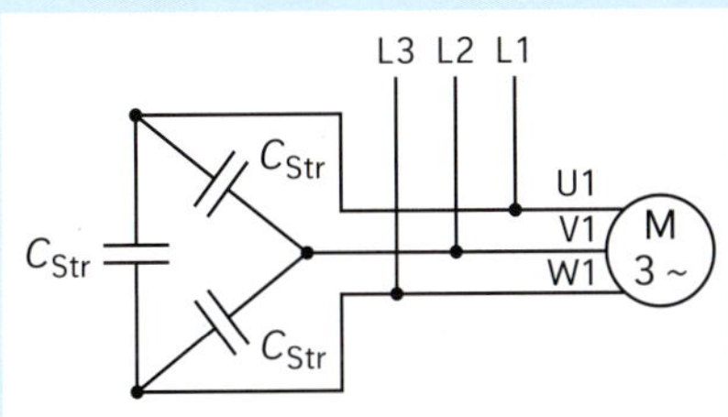

Q_C: Benötigte Kompensationsblindleistung $[Q_C]$ = var
P: Wirkleistung des Verbrauchers $[P]$ = W
φ_1: Phasenverschiebungswinkel vor Kompensation
φ_2: Phasenverschiebungswinkel nach Kompensation
Q_L: unkompensierte Blindleistung des Verbrauchers $[Q_L]$ = var
Q: Blindleistung nach der Kompensation $[Q]$ = var
C: Kapazität des benötigten Kondensators $[C]$ = F
f: Netzfrequenz $[f]$ = Hz
U: Netzspannung $[U]$ = V
C_{Str}: Kapazität pro Strang $[C_{Str}]$ = F

Benötigte Kompensationsblindleistung:

$$Q_C = P \cdot (\tan \varphi_1 - \tan \varphi_2)$$

$$P = \frac{Q_C}{\tan \varphi_1 - \tan \varphi_2}$$

$$\tan \varphi_1 = \frac{Q_C}{P} + \tan \varphi_2$$

$$\tan \varphi_2 = \tan \varphi_1 - \frac{Q_C}{P}$$

$$Q_C = Q_L - Q$$

$$Q_L = Q_C + Q$$

$$Q = Q_L - Q_C$$

Benötigte Kapazität im Wechselstromnetz:

$$C = \frac{Q_C}{2 \cdot \pi \cdot f \cdot U^2}$$

$$Q_C = C \cdot 2 \cdot \pi \cdot f \cdot U^2$$

Benötigte Gesamtkapazität im Drehstromnetz:

$$C = \frac{Q_C}{2 \cdot \pi \cdot f \cdot U^2}$$

$$Q_C = C \cdot 2 \cdot \pi \cdot f \cdot U^2$$

Benötigte Kapazität pro Strang (im Δ):

$$C_{Str} = \frac{Q_C}{3 \cdot 2 \cdot \pi \cdot f \cdot U^2}$$

$$Q_C = 3 \cdot C_{Str} \cdot 2 \cdot \pi \cdot f \cdot U^2$$

7.1 Strom- und spannungsrichtige Schaltung

7.1.1 Stromrichtige Schaltung

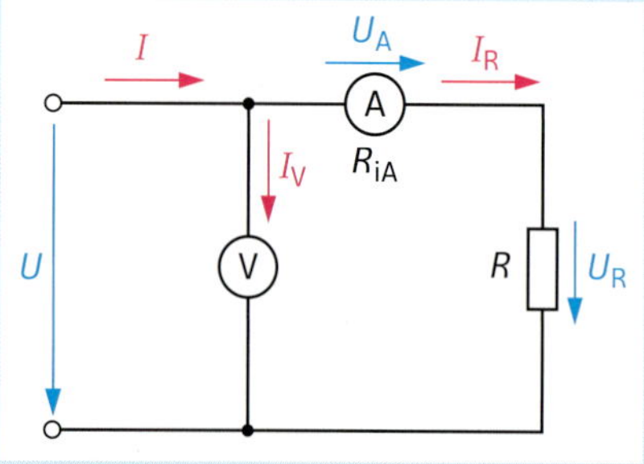

R:	Widerstand	$[R] = \Omega$
U:	Spannung	$[U] = \mathrm{V}$
U_A:	Spannung am Amperemeter	$[U_A] = \mathrm{V}$
I_R:	Stromstärke durch den Widerstand	$[I_R] = \mathrm{A}$
R_{iA}:	Innenwiderstand des Amperemeters	$[R_{iA}] = \Omega$

Korrekturformel für den Messwiderstand:

$$R = \frac{U - U_A}{I_R}$$

$$U = R \cdot I_R + U_A$$

$$U_A = U - R \cdot I_R$$

$$I_R = \frac{U - U_A}{R}$$

Korrekturformel mit Innenwiderstand des Messgerätes:

$$R = \frac{U}{I_R} - R_{iA}$$

$$U = (R + R_{iA}) \cdot I_R$$

$$I_R = \frac{U}{R + R_{iA}}$$

$$R_{iA} = \frac{U}{I_R} - R$$

7.1.2 Spannungsrichtige Schaltung

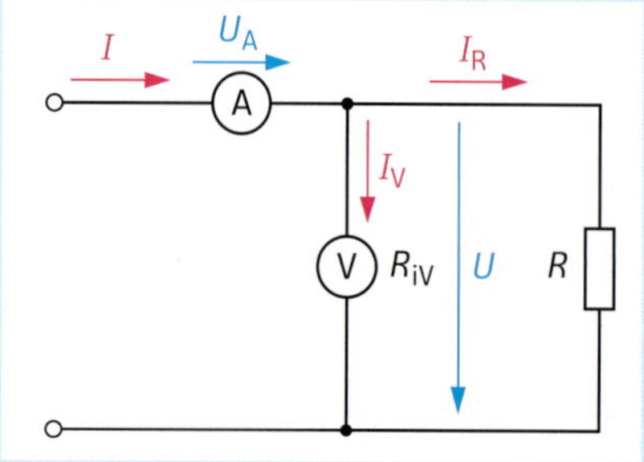

R:	Widerstand	$[R] = \Omega$
U:	Spannung	$[U] = \mathrm{V}$
I_R:	Stromstärke durch den Widerstand	$[I_R] = \mathrm{A}$
I_V:	Stromstärke durch das Voltmeter	$[I_V] = \mathrm{A}$
R_{iV}:	Innenwiderstand des Voltmeters	$[R_{iV}] = \Omega$

Korrekturformel für den Messwiderstand:

$$R = \frac{U}{I_R - I_V}$$

$$U = R \cdot (I_R - I_V)$$

$$I_R = \frac{U}{R} + I_V$$

$$I_V = I_R - \frac{U}{R}$$

Korrekturformel mit Innenwiderstand des Messgerätes:

$$R = \frac{U}{I - \frac{U}{R_{iV}}}$$

$$U = \frac{I \cdot R \cdot R_{iV}}{R_{iV} + R}$$

$$I = \frac{U}{R} + \frac{U}{R_{iV}}$$

$$R_{iV} = \frac{U}{I - \frac{U}{R}}$$

7.2 Fehler bei der Analogmessung

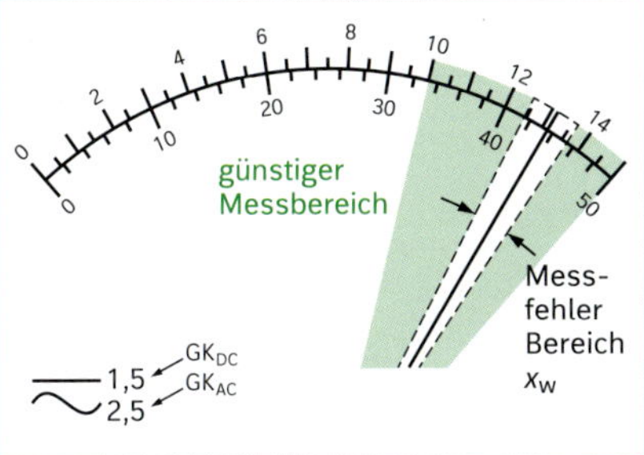

F: absoluter Fehler
GK: Genauigkeitsklasse
MBEW: Messbereichsendwert
f: relativer Fehler
x_a: angezeigter Messwert
x_w: wahre Werte

Absoluter Fehler:

$$F = \frac{GK}{100} \cdot MBEW$$

Wahre Werte (Wertebereich):

$$x_{w\,min} = x_a - F$$

$x_a = x_{w\,min} + F$

$F = x_a - x_{w\,min}$

$$x_{w\,max} = x_a + F$$

$x_a = x_{w\,max} - F$

$F = x_{w\,max} - x_a$

Relativer Fehler:

$$f = \frac{F}{x_w}$$

$F = f \cdot x_w$ $\quad x_w = \frac{F}{f}$

7.3 Fehler bei der Digitalmessung

F: absoluter Fehler
GK: Genauigkeitsklasse
x_a: angezeigter Wert
n_D: Anzahl der Digits
x_D: Wert eines Digits/Auflösung
x_w: wahre Werte
MB: Messbereich
Counts: maximale Anzeige der Digits

Absoluter Fehler:

$$F = \frac{GK \cdot x_a}{100\,\%} + n_D \cdot x_D$$

Wahre Werte (Wertebereich):

$$x_{w\,min} = x_a - F$$

$x_a = x_{w\,min} + F$

$F = x_a - x_{w\,min}$

$$x_{w\,max} = x_a + F$$

$x_a = x_{w\,max} - F$

$F = x_{w\,max} - x_a$

Wert eines Digits / Auflösung:

$$x_D = \frac{MB}{Counts}$$

$MB = x_D \cdot Counts$

$Counts = \frac{MB}{x_D}$

7.4 Messbereichserweiterung

7.4.1 Spannungsmesser

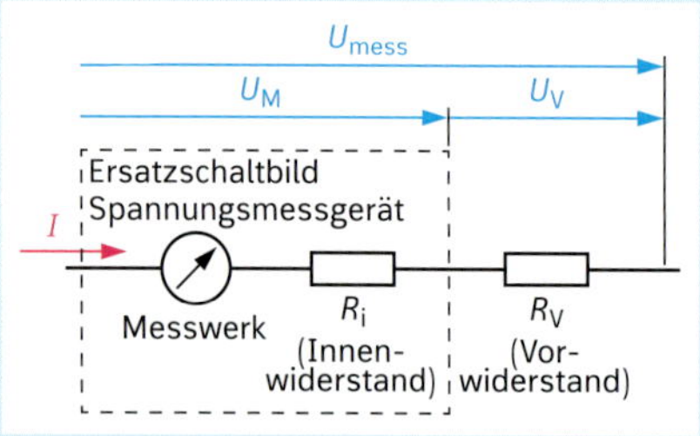

R_i:	Innenwiderstand des Messwerkes	$[R_i] = \Omega$
R_V:	zuschaltbarer Vorwiderstand	$[R_V] = \Omega$
U_M:	maximale Messwerksspannung, kleinster Messbereich	$[U_M] = V$
U_{mess}:	Spannung am Amperemeter	$[U_{mess}] = V$
I:	Messwerkstrom	$[I] = A$
n:	Faktor der Messbereichserweiterung	

Vorwiderstand:

$$R_V = \frac{U_{mess} - U_M}{I}$$

$$U_{mess} = (R_V \cdot I) + U_M$$

$$U_M = U_{mess} - (R_V \cdot I)$$

$$I = \frac{U_{mess} - U_M}{R_V}$$

$$R_V = (n - 1) \cdot R_i$$

$$R_i = \frac{R_V}{(n - 1)}$$

Faktor der Messbereichserweiterung:

$$n = \frac{U_{mess}}{U_M}$$

$$U_{mess} = n \cdot U_M$$

$$U_M = \frac{U_{mess}}{n}$$

7.4.2 Strommesser

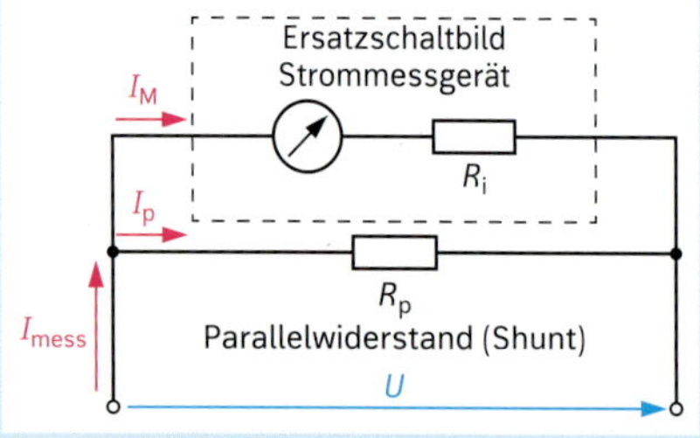

R_i:	Innenwiderstand des Messwerkes	$[R_i] = \Omega$
R_P:	zuschaltbarer Shunt, Parallelwiderstand	$[R_P] = \Omega$
I_M:	maximale Stromstärke des Messwerks, kleinster Messbereich	$[I_M] = A$
I_{mess}:	zu messende Stromstärke	$[I_{mess}] = A$
U:	Messwerkspannung	$[U] = V$
n:	Faktor der Messbereichserweiterung	

Parallelwiderstand, Shunt:

$$R_P = \frac{U}{I_{mess} - I_M}$$

$$U = (I_{mess} - I_M) \cdot R_P$$

$$I_{mess} = \frac{U}{R_P} + I_M$$

$$I_M = I_{mess} - \frac{U}{R_P}$$

$$R_P = \frac{R_i}{(n - 1)}$$

$$R_i = R_P \cdot (n - 1)$$

Faktor der Messbereichserweiterung:

$$n = \frac{I_{mess}}{I_M}$$

$$I_{mess} = n \cdot I_M$$

$$I_M = \frac{I_{mess}}{n}$$

7.5 Widerstandsmessbrücken

7.5.1 Wheatstone-Messbrücke

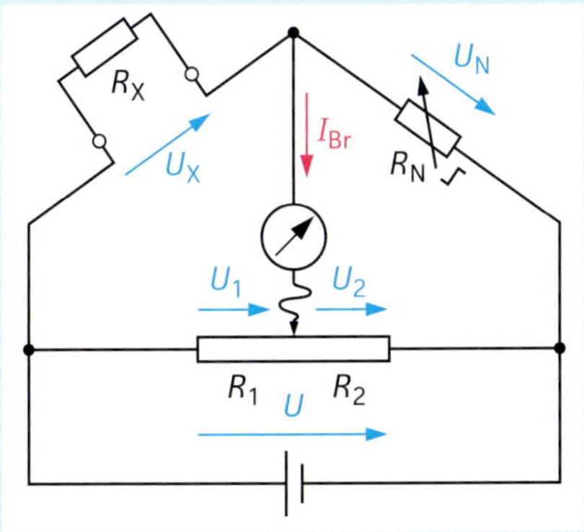

U_X:	Spannung über R_X	$[U_X] = V$
U_N:	Spannung über R_N	$[U_N] = V$
U_1, U_2:	Spannungen über den Abgleichwiderständen	$[U_n] = V$
R_X:	auszumessender Widerstand	$[R_X] = \Omega$
R_N:	Vergleichswiderstand, Messbereich	$[R_N] = \Omega$
R_1, R_2:	Abgleichwiderstände	$[R_n] = \Omega$
l_1, l_2:	veränderbare Drahtlängen	$[l_n] = m$

Abgleichbedingung:

$$\frac{U_X}{U_N} = \frac{U_1}{U_2}$$

Der Brückenzweig ist spannungslos und damit stromlos.

$$I_{Br} = 0$$

Widerstandsermittlung:

$$R_X = R_N \cdot \frac{R_1}{R_2}$$

$$\frac{R_X}{R_N} = \frac{R_1}{R_2} \qquad \frac{R_X}{R_1} = \frac{R_N}{R_2}$$

Schleifdraht-Messbrücke:

Die Abgleichwiderstände R_1 und R_2 werden durch einen Draht mit veränderbarem Abgriff ersetzt.

$$R_X = R_N \cdot \frac{l_1}{l_2}$$

$$\frac{R_X}{R_N} = \frac{l_1}{l_2} \qquad \frac{R_X}{l_1} = \frac{R_N}{l_2}$$

7.5.2 Thomson-Messbrücke

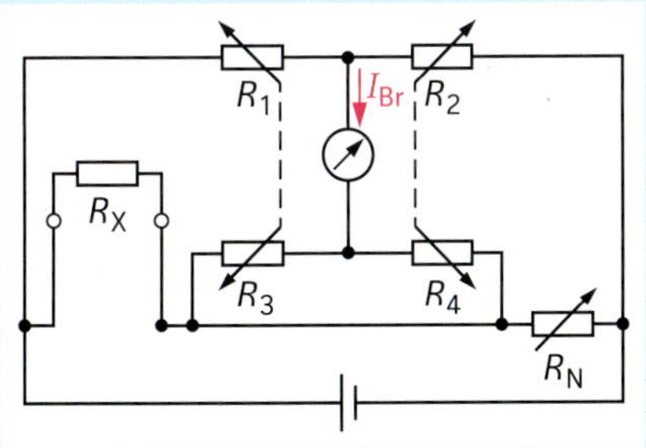

R_X:	auszumessender Widerstand	$[R_X] = \Omega$
R_N:	Vergleichwiderstand	$[R_N] = \Omega$
R_1, R_2, R_3, R_4:	Abgleichwiderstände	$[R_n] = \Omega$

$$R_X = R_N \cdot \frac{R_1}{R_2}$$

$$R_X = R_N \cdot \frac{R_3}{R_4}$$

Der Brückenzweig ist spannungslos und damit stromlos.

$$I_{Br} = 0$$

7.6 Arbeitszähler und Kostenermittlung

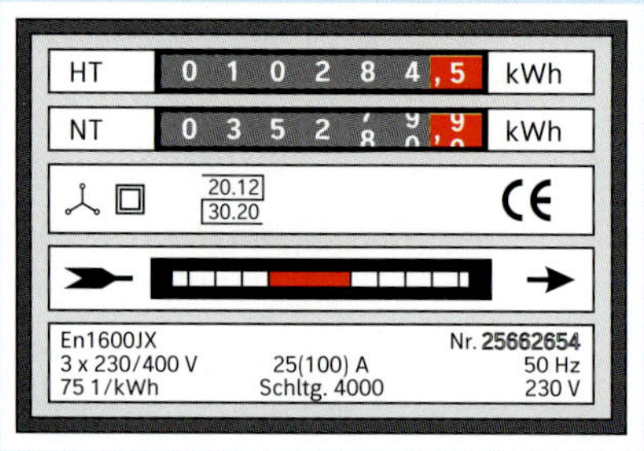

W:	elektrische Arbeit	$[W]$	= Ws
U:	Spannung	$[U]$	= V
I:	Stromstärke	$[I]$	= A
t:	Zeit	$[t]$	= s
P:	elektrische Leistung	$[P]$	= W
P_{kW}:	elektrische Leistung in kW	$[P_{kW}]$	= kW
n:	Umdrehungen	$[n]$	$= \frac{1}{h}$
c_z:	Zählerkonstante	$[c_z]$	$= \frac{1}{kWh}$
K:	Kosten	$[K]$	= €
T_{kWh}:	Tarifkosten einer Kilowattstunde	$[T_{kWh}]$	$= \frac{€}{kWh}$

Elektrische Arbeit:

$$W = U \cdot I \cdot t$$

$$U = \frac{W}{I \cdot t} \qquad I = \frac{W}{U \cdot t} \qquad t = \frac{W}{U \cdot I}$$

Elektrische Leistung:

$$P = U \cdot I$$

$$U = \frac{P}{I} \qquad I = \frac{P}{U}$$

Elektrische Leistung:

$$P_{kW} = \frac{n}{c_z}$$

$$n = P_{kW} \cdot c_z \qquad c_z = \frac{n}{P_{kW}}$$

Kosten der elektrischen Arbeit:

$$P = U \cdot I$$

$$P_{kW} = \frac{K}{t \cdot T_{kWh}}$$

$$t = \frac{K}{P_{kW} \cdot T_{kWh}}$$

$$T_{kWh} = \frac{K}{P_{kW} \cdot t}$$

7.7 Messwandler

Spannungswandler:

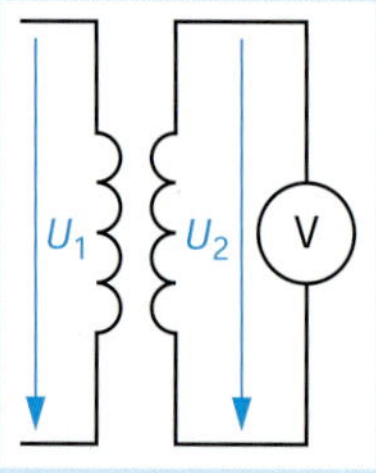

Stromwandler:

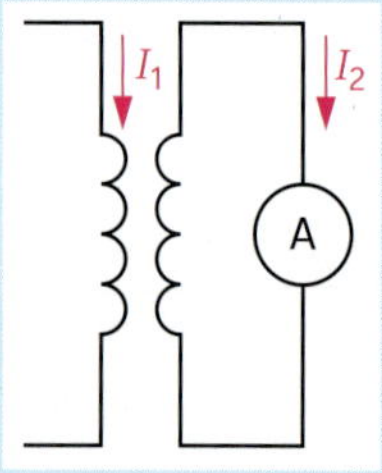

$ü$:	Übersetzungsverhältnis		
U:	Spannung	$[U]$	= V
I:	Stromstärke	$[I]$	= A

Übersetzungsverhältnis beim Spannungswandler:

$$ü = \frac{U_1}{U_2}$$

$$U_1 = ü \cdot U_2 \qquad U_2 = \frac{U_1}{ü}$$

Übersetzungsverhältnis beim Stromwandler:

$$ü = \frac{I_1}{I_2}$$

$$I_1 = ü \cdot I_2 \qquad I_2 = \frac{I_1}{ü}$$

8.1 Diode im Gleichstromkreis

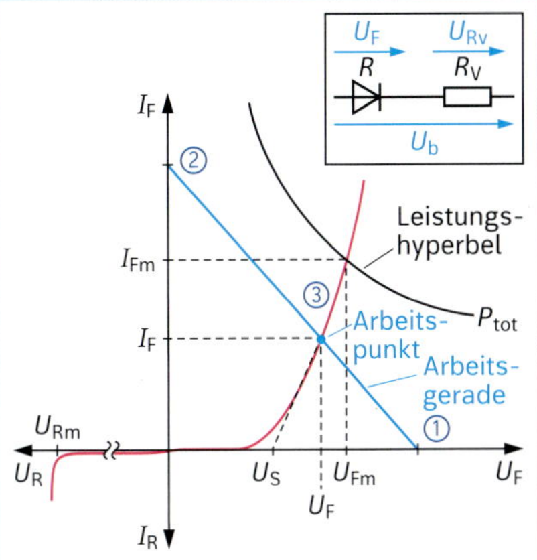

U_F:	Durchlassspannung	$[U_F]$	= V
U_R:	Sperrspannung	$[U_R]$	= V
U_S:	Schwellenspannung, Schleusenspannung	$[U_S]$	= V
U_{Fm}:	maximale Durchlassspannung	$[U_{Fm}]$	= V
U_{Rm}:	maximale Sperrspannung	$[U_{Rm}]$	= V
U_b:	Betriebsspannung	$[U_b]$	= V
U_{RV}:	Spannung über dem Vorwiderstand	$[U_{RV}]$	= V
I_F:	Durchlassstrom	$[I_F]$	= A
I_{Fm}:	maximaler Durchlassstrom	$[I_{Fm}]$	= A
I_R:	Sperrstrom	$[I_R]$	= A
R_F:	Diodenwiderstand in Durchlassrichtung	$[R_F]$	= Ω
R_R:	Diodenwiderstand in Sperrrichtung	$[R_R]$	= Ω
R_V:	Vorwiderstand	$[R_V]$	= Ω
P_{vF}:	Verlustleistung in Vorwärtsrichtung	$[P_{vF}]$	= W
P_{vR}:	Verlustleistung in Rückwärtsrichtung	$[P_{vR}]$	= W
P_{tot}:	maximale Verlustleistung	$[P_{tot}]$	= W

Arbeitsgerade und Arbeitspunkt:

$$U = U_b$$

$$I = \frac{U_b}{R_V}$$

$$U_F = R_F \cdot I_F$$

① Schnittpunkt mit der Spannungsachse

② Schnittpunkt mit der Stromachse

③ Arbeitspunkt: Schnittpunkt der Arbeitsgeraden mit der Diodenkennlinie.

Durchlassrichtung (Forward):

$$R_F = \frac{U_F}{I_F}$$

$U = R_F \cdot I_F$ $\quad I_F = \frac{U_F}{R_F}$

Sperrrichtung (Reverse):

$$R_R = \frac{U_R}{I_R}$$

$U_R = R_R \cdot I_R$ $\quad I_R = \frac{U_R}{R_R}$

Verlustleistung in Vorwärtsrichtung:

$$P_{vF} = U_F \cdot I_F$$

$U_F = \frac{P_{vF}}{I_F}$ $\quad I_F = \frac{P_{vF}}{U_F}$

Verlustleistung in Sperrrichtung:

$$P_{vR} = U_R \cdot I_R$$

$U_R = \frac{P_{vR}}{I_R}$ $\quad I_R = \frac{P_{vR}}{U_R}$

Maximale Verlustleistung:

$$P_{tot} = U_{Fm} \cdot I_{Fm}$$

$P_{vF} \leq P_{tot}$

$U_{Fm} = \frac{P_{tot}}{I_{Fm}}$

$I_{Fm} = \frac{P_{tot}}{U_{Fm}}$

Vorwiderstand:

$$R_V = \frac{U_b - U_F}{I_F}$$

$U_b = (R_V \cdot I_F) + U_F$

$U_F = U_b - (R_V \cdot I_F)$

$I_F = \frac{U_b - U_F}{R_V}$

8.2 Ungesteuerte Gleichrichterschaltungen

Schaltung	Spannungsverlauf	Schaltungs- und Ventilkennwerte				
		$\frac{U_{di}}{U_{v0}}$	$\frac{U_{im}}{U_{di}}$	$\frac{I_V}{I_d}$	$\frac{I_F}{I_d}$	$\frac{S_{Li}}{U_{di} \cdot I_d}$
Einpuls-Mittelpunktschaltung **M1U** 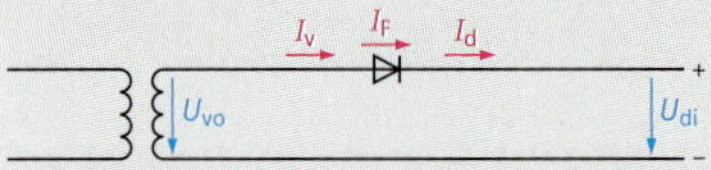	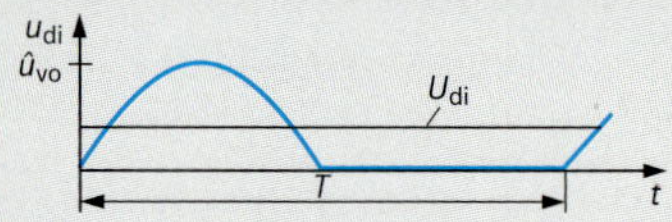	0,45	3,14	1,57	1,0	3,49
Zweipuls-Brückenschaltung **B2U** 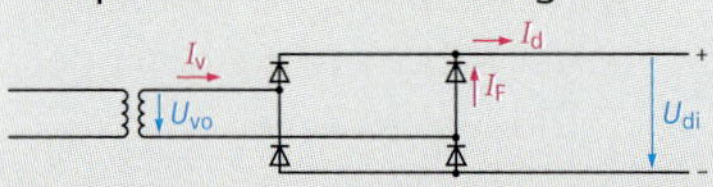	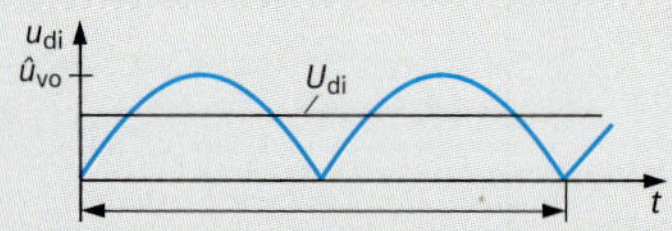	0,90	1,57	1,11	0,50	1,23
Dreipuls-Mittelpunktschaltung **M3U** 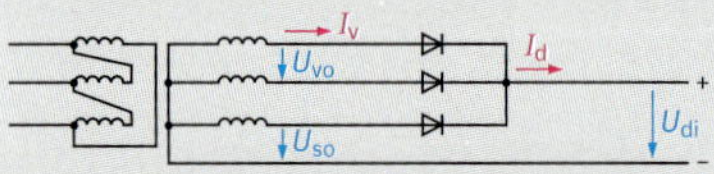	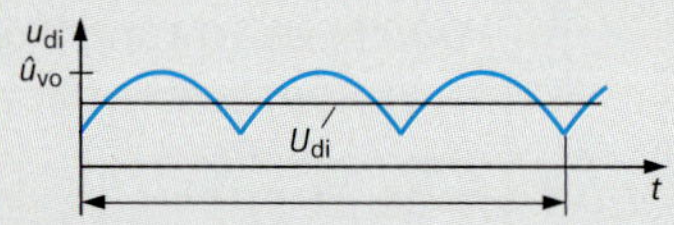	1,16	2,09	0,588	0,333	1,23
Sechspuls-Brückenschaltung **B6U** 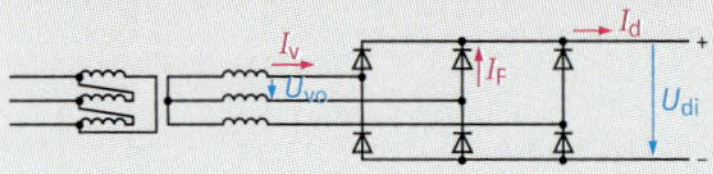	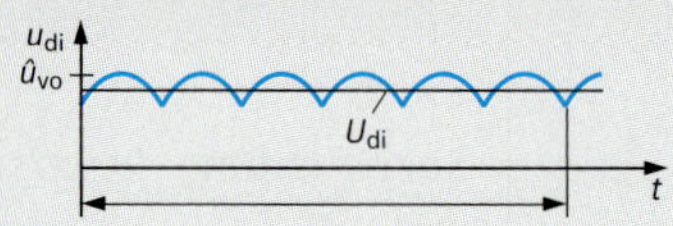	1,35	1,05	0,820	0,333	1,06

U_{v0}: Eingangsspannung, Effektivwert $[U_{v0}] = V$
U_{di}: ideale (Leerlauf-) Ausgangsspannung $[U_{di}] = V$
U_{im}: Scheitel-Sperrspannung der Dioden $[U_{im}] = V$
I_V: Eingangsstrom, Effektivwert $[I_V] = A$
I_d: effektiver Gleichstrom, arithmetischer Mittelwert $[I_d] = A$
I_F: Durchlassstrom der Diode $[I_F] = A$
S_{Li}: Primäre Scheinleistung des Transformators $[S_{Li}] = VA$
k: Schaltungsfaktor aus der Tabelle

Spannungsübertragung:

$$U_{di} = k \cdot U_{v0}$$

Sperrspannung:

$$U_{im} = k \cdot U_{di}$$

Stromübertragung:

$$I_V = k \cdot I_d$$

Diodenbelastung:

$$I_F = k \cdot I_d$$

Transformatorleistung:

$$S_{Li} = k \cdot U_{di} \cdot I_d$$

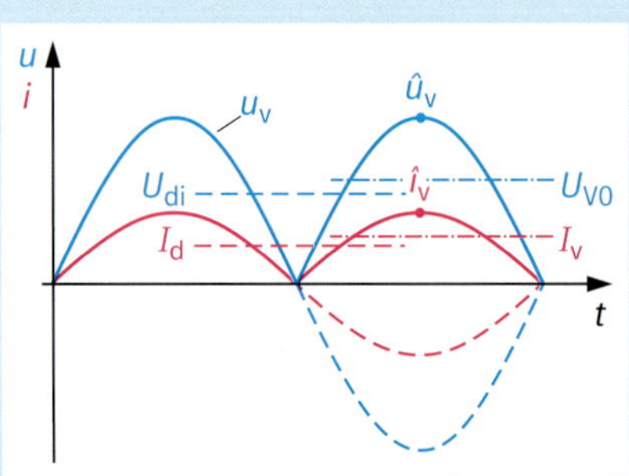

Spannungs- und Stromverläufe für eine Zweipuls-Brückenschaltung bei ohmscher Belastung.

8.3 Spannungsstabilisierung

8.3.1 Stabilisierung mit Z-Diode

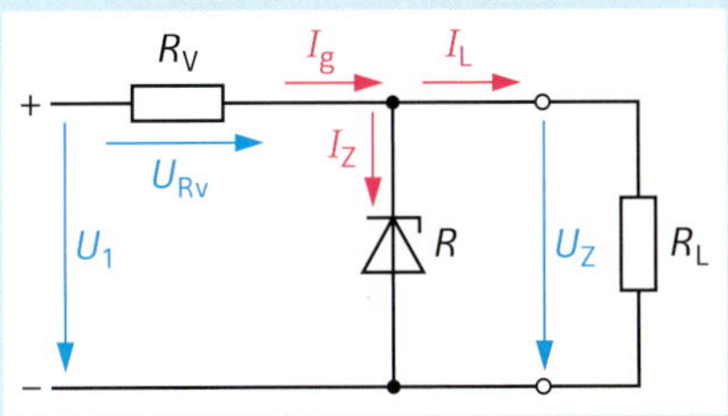

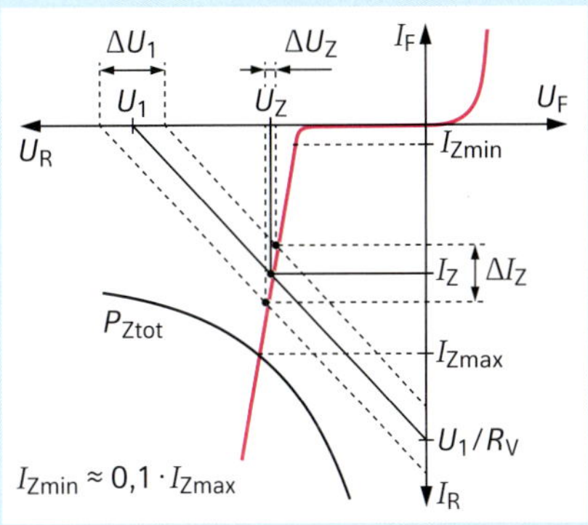

U_1:	Eingangsspannung	$[U_1]$	= V
U_{1max}:	maximale Eingangsspannung	$[U_{1max}]$	= V
U_{1min}:	minimale Eingangsspannung	$[U_{1min}]$	= V
U_Z:	Diodenspannung, Ausgangsspannung	$[U_Z]$	= V
I_L:	Ausgangsstrom, Laststrom	$[I_L]$	= A
I_{Lmax}:	maximaler Laststrom	$[I_{Lmax}]$	= A
I_{Lmin}:	minimaler Laststrom	$[I_{Lmin}]$	= A
I_Z:	Dioden-Sperrstrom	$[I_Z]$	= A
I_{Zmax}:	maximaler Sperrstrom	$[I_{Zmax}]$	= A
I_{Zmin}:	minimaler Sperrstrom	$[I_{Zmin}]$	= A
R_V:	Vorwiderstand	$[R_V]$	= Ω
P_{Ztot}:	Grenz-Verlustleistung der Z-Diode	$[P_{Ztot}]$	= W

Vorwiderstand:

$$R_V = \frac{U_1 - U_Z}{I_L + I_Z}$$

$$U_1 = U_Z + R_V \cdot (I_L + I_Z)$$

$$U_Z = U_1 - R_V \cdot (I_L + I_Z)$$

$$I_L = \frac{U_1 - U_Z}{R_V} - I_Z$$

$$I_Z = \frac{U_1 - U_Z}{R_V} - I_L$$

Maximaler Wert des R_V:

$$R_{Vmax} = \frac{U_{1min} - U_Z}{I_{Lmax} + I_{Zmin}}$$

$$U_{1min} = U_Z + R_{Vmax} \cdot (I_{Lmax} + I_{Zmin})$$

$$U_Z = U_{1min} - R_{Vmax} \cdot (I_{Lmax} + I_{Zmin})$$

$$I_{Lmax} = \frac{U_{1min} - U_Z}{R_{Vmax}} - I_{Zmin}; \quad I_{Zmin} = \frac{U_{1min} - U_Z}{R_{Vmax}} - I_{Lmax}$$

Minimaler Wert des R_V:

$$R_{Vmin} = \frac{U_{1max} - U_Z}{I_{Lmin} + I_{Zmax}}$$

$$U_{1max} = U_Z + R_{Vmin} \cdot (I_{Lmin} + I_{Zmax})$$

$$U_Z = U_{1max} - R_{Vmin} \cdot (I_{Lmin} + I_{Zmax})$$

$$I_{Lmin} = \frac{U_{1max} - U_Z}{R_{Vmin}} - I_{Zmax}; \quad I_{Zmax} = \frac{U_{1max} - U_Z}{R_{Vmin}} - I_{Lmax}$$

Maximale Verlustleistung der Z-Diode:

$$P_{Ztot} = U_Z \cdot I_{Zmax}$$

$$U_Z = \frac{P_{Ztot}}{I_{Zmax}}$$

$$I_{Zmax} = \frac{P_{Ztot}}{U_Z}$$

8.3.2 Spannungsstabilisierung mit Längstransistor

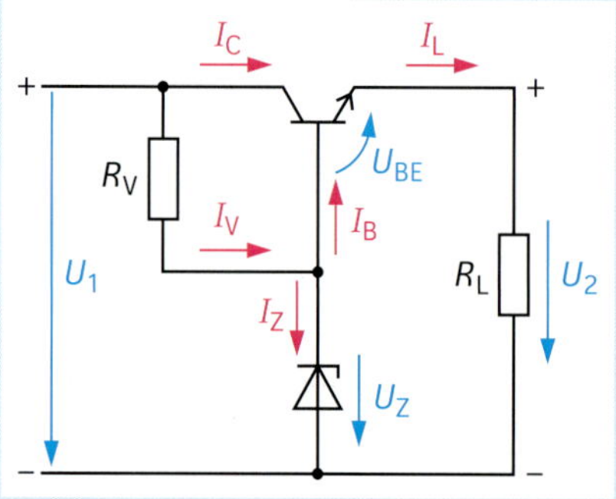

U_1:	Eingangsspannung	$[U_1]$	= V
U_2:	Ausgangsspannung, Lastspannung	$[U_2]$	= V
U_Z:	Dioden-Sperr-spannung	$[U_Z]$	= V
U_{BE}:	Basis-Emitter-Spannung	$[U_{BE}]$	= V
I_C:	Kollektorstrom	$[I_C]$	= A
I_{Cmax}:	maximaler Eingangsstrom	$[I_{Cmax}]$	= A
I_B:	Basisstrom	$[I_B]$	= A
I_L:	Ausgangsstrom, Laststrom	$[I_L]$	= A
I_Z:	Dioden-Sperrstrom	$[I_Z]$	= A
R_V:	Vorwiderstand	$[R_V]$	= Ω
R_L:	Lastwiderstand	$[R_L]$	= Ω
R_{Lmin}:	kleinster Last-widerstand	$[R_{Lmin}]$	= Ω
P_V:	Transistor-Verlustleistung	$[P_V]$	= W

Stabilisierte Ausgangsspannung:

$$U_2 = U_Z - U_{BE}$$

$U_Z = U_2 + U_{BE}$

$U_{BE} = U_Z - U_2$

Maximale Eingangsspannung:

$$U_{1max} = R_V \cdot (I_{Zmax} + I_B) + U_2$$

$R_V = \frac{U_{1max} - U_2}{I_{Zmax} + I_B}$

$U_2 = U_{1max} - R_V \cdot (I_{Zmax} + I_B)$

$I_{Zmax} = \frac{U_{1max} - U_2}{R_V} - I_B$

Laststrom:

$$I_L = I_C + I_B$$

$I_C = I_L - I_B$

$I_B = I_L - I_C$

Minimaler Lastwiderstand:

$$R_{Lmin} = \frac{U_2}{I_{Cmax}}$$

$U_2 = R_{Lmin} \cdot I_{Cmax}$

$I_{Cmax} = \frac{U_2}{R_{Lmin}}$

Vorwiderstand:

$$R_V = \frac{U_1 - U_Z}{I_Z + I_B}$$

$U_1 = (R_V \cdot (I_Z + I_B)) + U_Z$

$U_Z = -(R_V \cdot (I_Z + I_B)) + U_1$

$I_Z = \frac{U_1 - U_Z}{R_V} - I_B$

$I_B = -\frac{U_1 - U_Z}{R_V} + I_Z$

Transistor-Verlustleistung:

$$P_V = (U_1 - U_2) \cdot I_C$$

$U_1 - U_2 = \frac{P_V}{I_C}$

$I_C = \frac{P_V}{U_1 - U_2}$

$U_1 = \frac{P_V}{I_C} + U_2$

$U_2 = -\frac{P_V}{I_C} + U_1$

8.3.3 Glättung mit Ladekondensator (Gegenspannung)

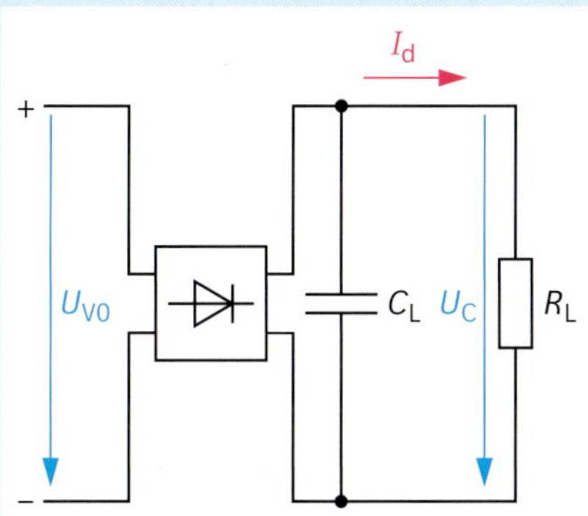

Liniendiagramm für Zweipulsschaltungen

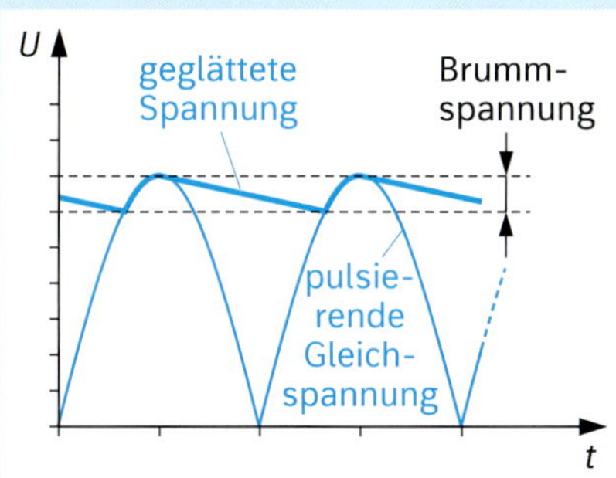

U_{V0}: Eingangsspannung $[U_{V0}] = \text{V}$

U_{Br}: Brummspannung, überlagerte Wechselspannung $[U_{Br}] = \text{V}$

U_{di}: ideale Leerlauf-Gleichspannung $[U_{di}] = \text{V}$

I_d: Ausgangs-Gleichstrom $[I_d] = \text{A}$

C_L: Ladekondensator $[C_L] = \text{F}$

f: Netzfrequenz $[f] = \text{Hz}$

p: Pulszahl pro Periode

w_U: Brummspannungsanteil

k: Schaltungsfaktor

Schaltungsfaktor k	
E1U, M1U	$k = 3{,}14$
M2U, B2U	$k = 1{,}75$

Einpuls-Mittelpunktschaltung (E1U):

$$C_L = \frac{0{,}25 \cdot I_d}{p \cdot f \cdot U_{Br}}$$

$$I_d = \frac{p \cdot f \cdot U_{Br} \cdot C_L}{0{,}25}$$

$$p = \frac{0{,}25 \cdot I_d}{f \cdot U_{Br} \cdot C_L}$$

$$f = \frac{0{,}25 \cdot I_d}{p \cdot U_{Br} \cdot C_L}$$

$$U_{Br} = \frac{0{,}25 \cdot I_d}{p \cdot f \cdot C_L}$$

Zweipulsschaltungen (M2U, B2U):

$$C_L = \frac{0{,}2 \cdot I_d}{p \cdot f \cdot U_{Br}}$$

$$I_d = \frac{p \cdot f \cdot U_{Br} \cdot C_L}{0{,}2}$$

$$p = \frac{0{,}2 \cdot I_d}{f \cdot U_{Br} \cdot C_L}$$

$$f = \frac{0{,}2 \cdot I_d}{p \cdot U_{Br} \cdot C_L}$$

$$U_{Br} = \frac{0{,}2 \cdot I_d}{p \cdot f \cdot C_L}$$

Brummspannungsanteil:

$$w_U = \frac{U_{Br}}{U_{di}}$$

$$U_{Br} = w_U \cdot U_{di}$$

$$U_{di} = \frac{U_{Br}}{w_U}$$

Notwendige Dioden-Sperrspannung:

$$U_{im} = 2 \cdot k \cdot U_{di}$$

$$U_{di} = \frac{U_{im}}{2 \cdot k}$$

8.4 Bipolarer Transistor

8.4.1 Gleichstromgrößen

NPN-Transistor

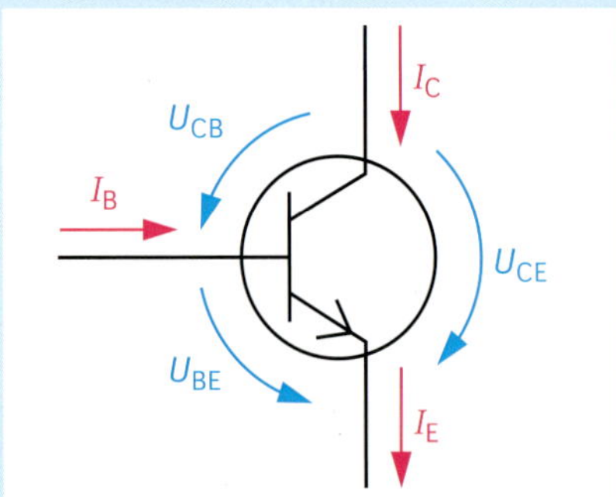

PNP-Transistor

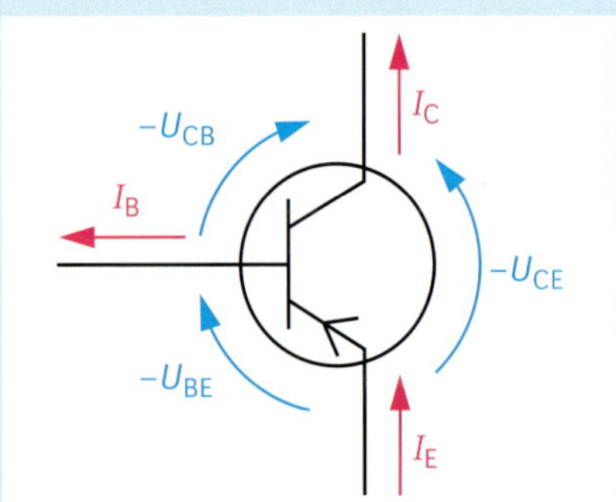

U_{CE}: Kollektor-Emitter-Spannung	$[U_{CE}] = \text{V}$
U_{CB}: Kollektor-Basis-Spannung	$[U_{CB}] = \text{V}$
U_{BE}: Basis-Emitter-Spannung	$[U_{BE}] = \text{V}$
I_B: Basisstrom	$[I_B] = \text{A}$
I_C: Kollektorstrom	$[I_C] = \text{A}$
I_E: Emitterstrom	$[I_E] = \text{A}$
R_{BE}: Basis-Emitter-Widerstand	$[R_{BE}] = \Omega$
R_{CE}: Kollektor-Emitter-Widerstand	$[R_{CE}] = \Omega$
P_V: Verlustleistung	$[P_V] = \text{W}$
P_{tot}: Grenzverlustleistung	$[P_{tot}] = \text{W}$
B: Gleichstromverstärkung	

Spannungen:

$$U_{CE} = U_{CB} + U_{BE}$$

$U_{CB} = U_{CE} - U_{BE}$

$U_{BE} = U_{CE} - U_{CB}$

Ströme:

$$I_E = I_C + I_B$$

$I_C = I_E - I_B$

$I_B = I_E - I_C$

Gleichstromverhältnis, Gleichstromverstärkung:

$$B = \frac{I_C}{I_B}$$

$I_C = B \cdot I_B$

$I_B = \frac{I_C}{B}$

Verlustleistungen:

$$P_V \leq P_{tot}$$

$$P_V = U_{CE} \cdot I_C + U_{BE} \cdot I_B$$

$$P_V \approx U_{CE} \cdot I_C$$

$U_{CE} \approx \frac{P_V}{I_C}$

$I_C \approx \frac{P_V}{U_{CE}}$

Transistorwiderstände:

$$R_{BE} = \frac{U_{BE}}{I_B}$$

$U_{BE} = R_{BE} \cdot I_B$

$I_B = \frac{U_{BE}}{I_B}$

$$R_{CE} = \frac{U_{CE}}{I_C}$$

$U_{BE} = R_{BE} \cdot I_B$

$I_B = \frac{U_{BE}}{I_B}$

8.4.2 Transistor als Schalter

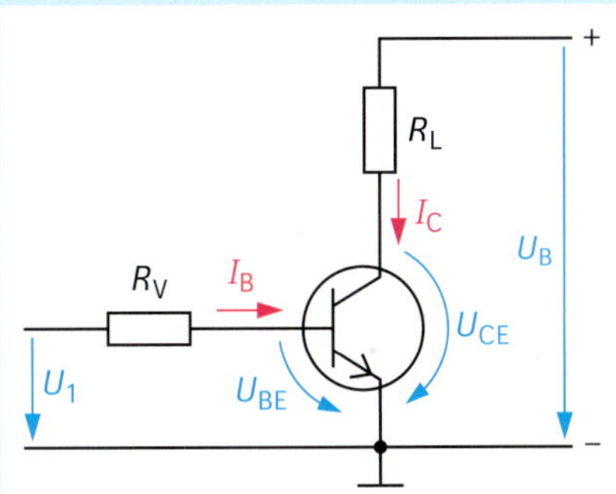

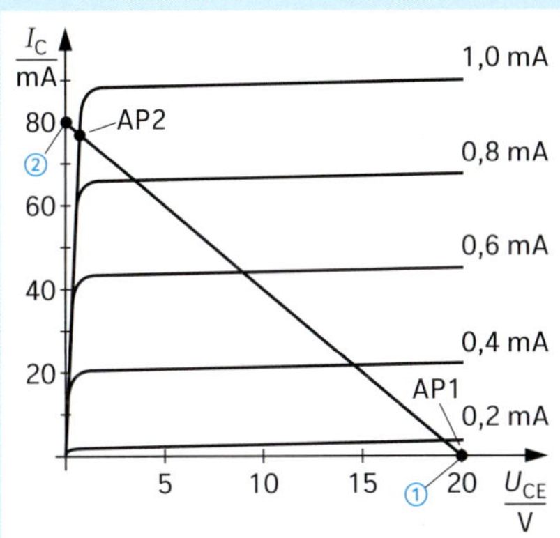

U_B:	Betriebsspannung	$[U_B]$	= V
U_1:	Eingangsspannung, Steuerspannung	$[U_1]$	= V
U_{CEsat}:	Sättigungsspannung zwischen C und E	$[U_{CEsat}]$	= V
U_{BEsat}:	Sättigungsspannung zwischen B und E	$[U_{BEsat}]$	= V
I_C:	Kollektor-, Laststrom	$[I_C]$	= A
I_B:	Basis-, Steuerstrom	$[I_B]$	= A
I_{Bmin}:	kleinster notwendiger Basisstrom	$[I_{Bmin}]$	= A
R_L:	Lastwiderstand	$[R_L]$	= Ω
R_V:	Basisvorwiderstand	$[R_V]$	= Ω
B_{min}:	kleinste notwendige Stromverstärkung		
$ü$:	Übersteuerungsfaktor		

$ü$: 2 … 5

Arbeitsgerade und Arbeitspunkt:

$$U = U_b$$

① Schnittpunkt mit der Spannungsachse

$$I = \frac{U_b}{R_L}$$

② Schnittpunkt mit der Stromachse ((hier bei 80 mA))

(AP1) **„Schalter Aus"** – Schnittpunkt mit der Spannungsachse, hier bei 20 V.

(AP2) **„Schalter Ein"** – Schnittpunkt mit der Kennlinie, hier bei $I_B = 1{,}0$ A.

Laststrom und Lastwiderstand:

$$I_C = \frac{U_B - U_{CEsat}}{R_L}$$

$U_B = R_L \cdot I_C + U_{CEsat}$

$U_{CEsat} = U_B - (R_L \cdot I_C)$

$R_L = \frac{U_B - U_{CEsat}}{I_C}$

Vorwiderstand:

$$R_V = \frac{U_1 - U_{BEsat}}{I_B}$$

$U_1 = R_V \cdot B + U_{BEsat}$

$U_{BEsat} = U_1 - (R_V \cdot I_B)$

$I_B = \frac{U_1 - U_{BEsat}}{R_V}$

Übersteuerungsfaktor:

$$ü = \frac{I_B}{I_{Bmin}}$$

$I_B = ü \cdot I_{Bmin}$

$I_{Bmin} = \frac{I_B}{ü}$

Stromverstärkung:

$$B_{min} = \frac{I_C}{I_{Bmin}}$$

$I_C = B_{min} \cdot I_{Bmin}$

$I_{Bmin} = \frac{I_C}{B_{min}}$

8.4.3 Arbeitspunkteinstellung

Basis-Vorwiderstand

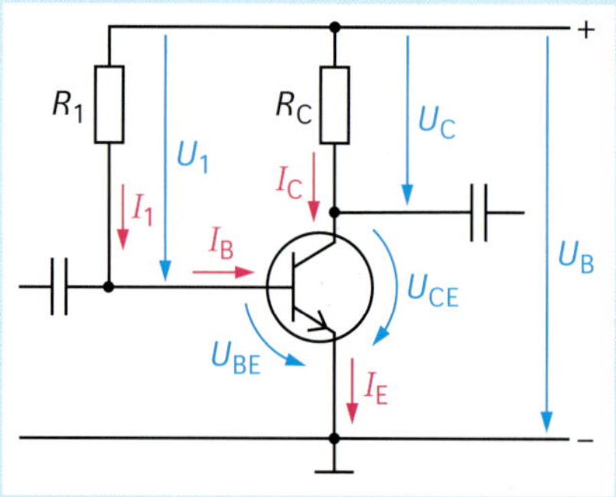

Spannung am Basis-Vorwiderstand:

$$U_B = U_1 + U_{BE}$$

$U_1 = U_b - U_{BE}$

$U_{BE} = U_B - U_1$

Basis-Vorwiderstand:

$$R_1 = \frac{U_1}{I_B}$$

$U_1 = R_1 \cdot I_B$

$I_B = \frac{U_1}{R_1}$

Basis-Spannungsteiler

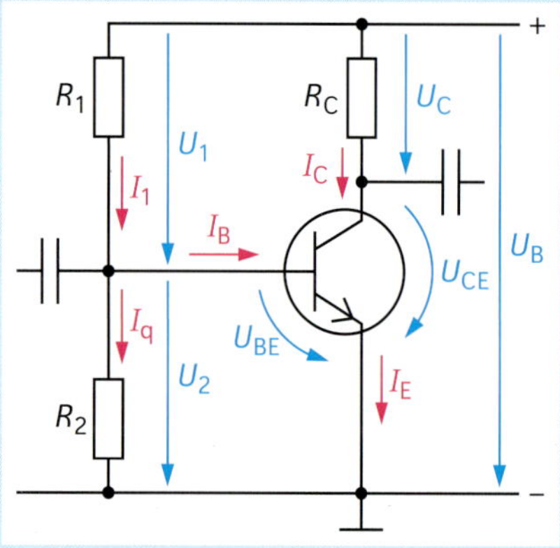

Spannungen:

$$U_1 = U_B - U_2$$

$U_B = U_1 + U_2$

$U_2 = U_B - U_1$

$$U_2 = U_{BE}$$

Basis-Spannungsteiler:

$$R_1 = \frac{U_1}{I_B + I_q}$$

$U_1 = R_B \cdot (I_B + I_q)$

$I_B = \frac{U_1}{R_1} - I_q$

$I_q = \frac{U_1}{R_1} - I_B$

$$R_2 = \frac{U_2}{I_q}$$

$U_2 = R_2 \cdot I_q$

$I_q = \frac{U_2}{R_2}$

Ströme und Querstromverhältnis:

$$I_B = I_1 - I_q$$

$I_1 = I_B + I_q$

$I_q = I_1 - I_B$

$$q = \frac{I_q}{I_B}$$

$I_q = q \cdot I_B$

$I_B = \frac{I_q}{q}$

U_B:	Betriebsspannung	$[U_B]$ = V
U_1:	Spannung über R_1	$[U_1]$ = V
U_2:	Spannung über R_2	$[U_2]$ = V
U_{BE}:	Basis-Emitter-Spannung	$[U_{BE}]$ = V
I_1:	Strom durch R_1	$[I_1]$ = A
I_q:	Querstrom, Strom durch R_2	$[I_q]$ = A
I_B:	Basisstrom	$[I_B]$ = A
q:	Querstromverhältnis	

8.4.4 Arbeitspunktstabilisierung (Gleichstrom-Gegenkopplung)

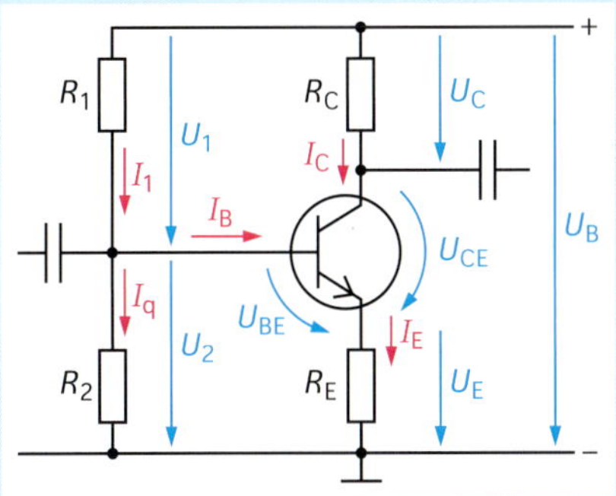

U_B: Betriebsspannung $[U_B] = \mathrm{V}$
U_E: Spannung über R_E $[U_E] = \mathrm{V}$
U_C: Spannung über R_C $[U_C] = \mathrm{V}$
U_{BE}: Basis-Emitter-Spannung $[U_{BE}] = \mathrm{V}$
U_{CE}: Kollektor-Emitter-Spannung $[U_{CE}] = \mathrm{V}$
m: Gegenkopplungs-Verhältnis

$m = 5 \dots 10$

Spannung am Emitterwiderstand:

$$U_E = U_B - U_C - U_{CE}$$

$U_B = U_{CE} + U_C + U_E$ $U_C = U_B - U_{CE} - U_C$

$U_{CE} = U_B - U_E - U_C$

$$U_E = U_2 - U_{BE}$$

$U_2 = U_E + U_{BE}$

$U_{BE} = U_2 - U_E$

Widerstandsverhältnis $R_C : R_E$:

$$m = \frac{R_C}{R_E}$$

$R_C = m \cdot R_E$ $R_E = \frac{R_C}{m}$

8.5 Feldeffekttransistoren (JFET und MOSFET)

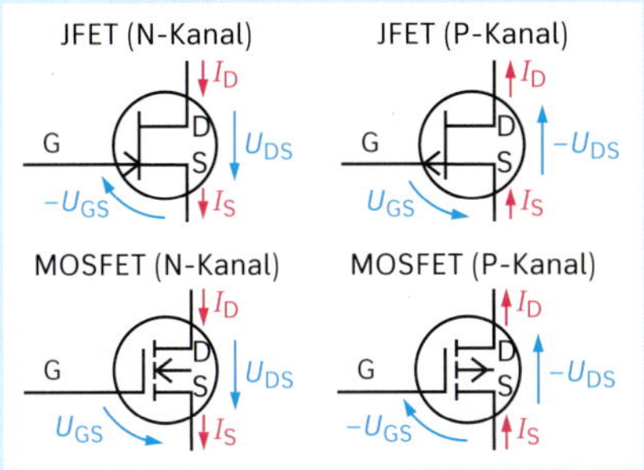

U_{DS}: Drain-Source-Spannung $[U_{DS}] = \mathrm{V}$
U_{GS}: Gate-Source-Spannung, Steuerspannung $[U_{GS}] = \mathrm{V}$
I_D: Drainstrom $[I_D] = \mathrm{A}$
I_{GSS}: Gate-Source-Reststrom $[I_{GSS}] = \mathrm{A}$
R_{GS}: Gate-Source-Widerstand $[R_{GS}] = \Omega$
R_{GD}: Gate-Drain-Widerstand $[R_{GD}] = \Omega$
P_V: Verlustleistung $[P_V] = \mathrm{W}$
S: Steilheit $[S] = \frac{\mathrm{A}}{\mathrm{V}}$
ΔI_D: Drainstromänderung $[\Delta I_D] = \mathrm{A}$
ΔU_{DS}: Steuerspannungs-änderung $[\Delta U_{DS}] = \mathrm{V}$

Eingangswiderstand:

$$R_{GS} = \frac{U_{GS}}{I_{GSS}}$$

$U_{GS} = R_{GS} \cdot I_{GSS}$

$I_{GSS} = \frac{U_{GS}}{R_{GS}}$

Kanalwiderstand:

$$R_{DS} = \frac{U_{DS}}{I_D}$$

$U_{DS} = R_{DS} \cdot I_D$

$I_D = \frac{U_{DS}}{R_{DS}}$

Verlustleistung im Kanal:

$$R_V = U_{DS} \cdot I_D$$

$U_{DS} = \frac{P_V}{I_D}$ $I_D = \frac{P_V}{U_{DS}}$

Steilheit (Verstärkungsmaß):

$$S = \frac{\Delta I_D}{\Delta U_{GS}}$$

$\Delta I_D = S \cdot \Delta U_{GS}$

$\Delta U_{GS} = \frac{\Delta I_D}{S}$

8.6 Operationsverstärker (OP)

8.6.1 Invertierender OP

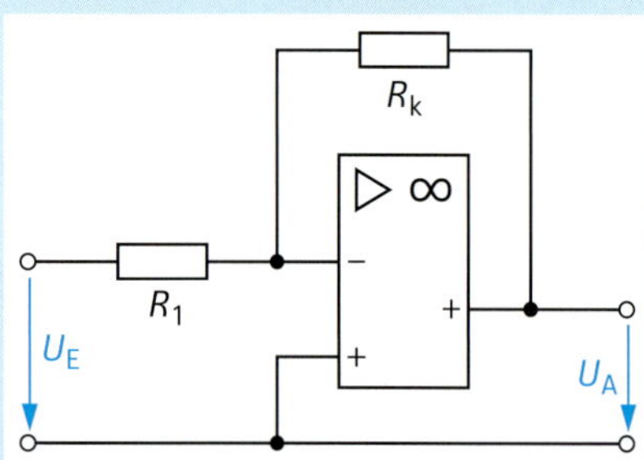

U_E: Eingangsspannung $[U_E] = V$
U_A: Ausgangsspannung $[U_A] = V$
R_1: Eingangswiderstand $[R_1] = \Omega$
R_k: Rückkopplungswiderstand $[R_k] = \Omega$
v_U: Spannungsverstärkungsfaktor

Spannungsverstärkung:

$$U_A = -U_E \cdot \frac{R_k}{R_1}$$

$U_E = -U_A \cdot \frac{R_1}{R_k}$

$R_k = -\frac{U_A}{U_E} \cdot R_1$ $\quad R_1 = -\frac{U_E}{U_A} \cdot R_k$

Spannungsverstärkungsfaktor:

$$v_U = \frac{U_A}{U_E}$$

$U_E = \frac{U_A}{v_U}$ $\quad U_A = v_U \cdot U_E$

$$v_U = -\frac{R_k}{R_1}$$

$R_1 = -\frac{R_k}{v_U}$ $\quad R_k = -v_U \cdot R_1$

8.6.2 Nichtinvertierender OP

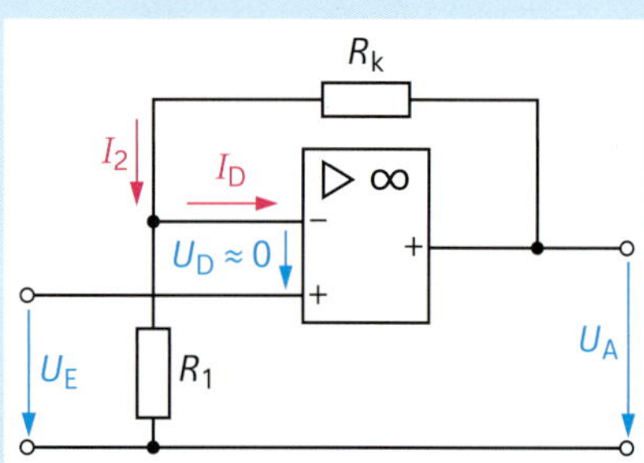

U_E: Eingangsspannung $[U_E] = V$
U_A: Ausgangsspannung $[U_A] = V$
R_1: Querwiderstand $[R_1] = \Omega$
R_k: Rückkopplungswiderstand $[R_k] = \Omega$
v_U: Spannungsverstärkungsfaktor

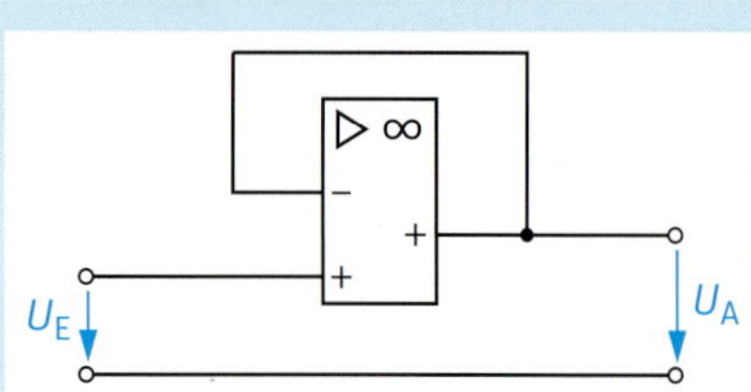

Spannungsverstärkung:

$$U_A = U_E \cdot \left(1 + \frac{R_k}{R_1}\right)$$

$R_k = \left(\frac{U_A}{U_E} - 1\right) \cdot R_1$

$U_E = \frac{U_A}{1 + \frac{R_k}{R_1}}$ $\quad R_1 = \frac{R_k}{\left(\frac{U_A}{U_E} - 1\right)}$

Spannungsverstärkungsfaktor:

$$v_U = \frac{U_A}{U_E}$$

$U_E = \frac{U_A}{v_U}$ $\quad U_A = v_U \cdot U_E$

$$v_U = 1 + \frac{R_k}{R_1}$$

$R_1 = \frac{R_k}{v_U - 1}$

$R_k = (v_U - 1) \cdot R_1$

Impedanzwandler ($R_k = 0\ \Omega$; $R_1 = \infty\ \Omega$):

$$v_U = \frac{U_A}{U_E} = 1$$

$U_E = U_A$

8.6.3 Summierverstärker (Addierer)

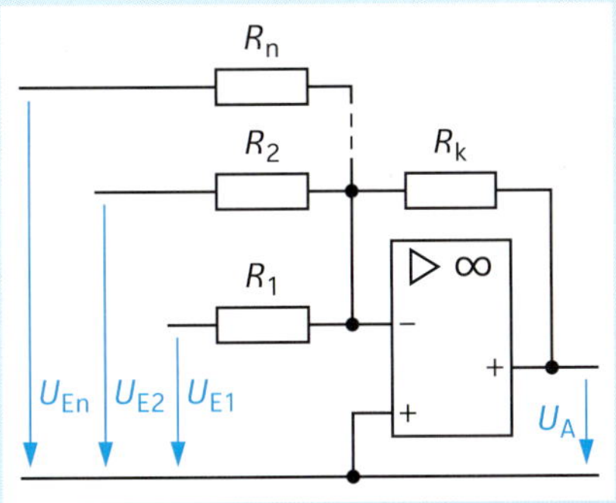

U_{En}:	Eingangsspannung	$[U_{En}] = V$
U_A:	Ausgangsspannung	$[U_A] = V$
R_n:	Eingangswiderstand	$[R_n] = \Omega$
R_k:	Rückkopplungswiderstand	$[R_k] = \Omega$
v_{Un}:	Spannungsverstärkungsfaktor	

Spannungsverstärkungsfaktor:

$$v_{Un} = -\frac{R_k}{R_n}$$

$$R_n = -\frac{R_k}{v_{Un}} \qquad R_k = -v_{Un} \cdot R_n$$

$$v_{U1} = -\frac{R_k}{R_1} \qquad v_{U2} = -\frac{R_k}{R_2}$$

Spannungsverstärkung:

$$U_A = v_{U1} \cdot U_{E1} + v_{U2} \cdot U_{E2} + \ldots + v_{Un} \cdot U_{En}$$

Für drei Eingangswiderstände gilt:

$$U_{E1} = \frac{U_A - v_{U2} \cdot U_{E2} - v_{U3} \cdot U_{E3}}{v_{U1}}$$

$$U_{E2} = \frac{U_A - v_{U1} \cdot U_{E1} - v_{U3} \cdot U_{E3}}{v_{U2}}$$

$$U_{E3} = \frac{U_A - v_{U1} \cdot U_{E1} - v_{U2} \cdot U_{E2}}{v_{U3}}$$

8.6.4 Differenzverstärker (Subtrahierer)

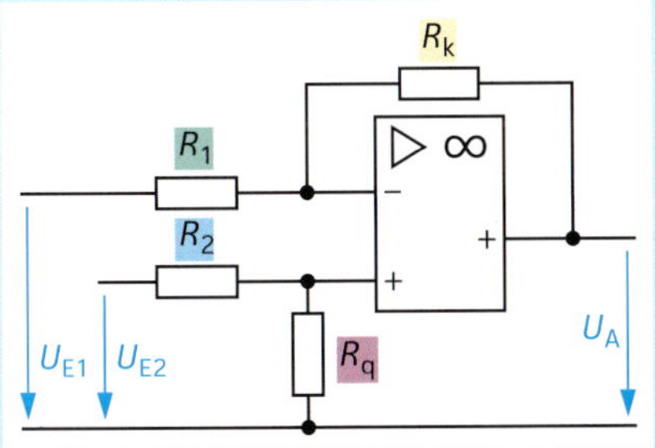

U_{E1}:	Spannung am invertierenden Eingang	$[U_{E1}] = V$
U_{E2}:	Spannung am nicht-invertierenden Eingang	$[U_{E2}] = V$
U_A:	Ausgangsspannung	$[U_A] = V$
R_1, R_2:	Eingangswiderstände	$[R_1, R_2] = \Omega$
R_k:	Rückkopplungswiderstand	$[R_k] = \Omega$
R_q:	Querwiderstand	$[R_q] = \Omega$

Spannungsverstärkung je Eingang:

für $U_{E2} = 0$ V:

$$U_{A1} = -U_{E1} \cdot \frac{R_k}{R_1}$$

$$U_{E1} = -\frac{U_{A1}}{\frac{R_k}{R_1}} \qquad R_k = -\frac{U_{A1}}{U_{E1}} \cdot R_1 \qquad R_1 = -\frac{R_k}{\frac{U_{A1}}{U_{E1}}}$$

für $U_{E1} = 0$ V:

$$U_{A2} = U_{E2} \cdot \frac{R_q}{R_2 + R_q} \cdot \frac{R_1 + R_k}{R_1}$$

Gesamte Spannungsverstärkung:

$$U_A = U_{E2} \cdot \frac{R_q}{R_2 + R_q} \cdot \frac{R_1 + R_k}{R_1} - U_{E1} \cdot \frac{R_k}{R_1}$$

Wenn $R_1 = R_2$ und $R_k = R_q$, dann gilt:

$$U_A = (U_{E2} - U_{E1}) \cdot \frac{R_k}{R_1}$$

$$U_{E2} = U_A \cdot \frac{R_1}{R_k} + U_{E1} \qquad R_k = \frac{U_A}{(U_{E2} - U_{E1})} \cdot R_1$$

$$U_{E1} = U_{E2} - U_A \cdot \frac{R_1}{R_k} \qquad R_1 = (U_{E2} - U_{E1}) \cdot \frac{R_k}{U_A}$$

8.6.5 Integrierer

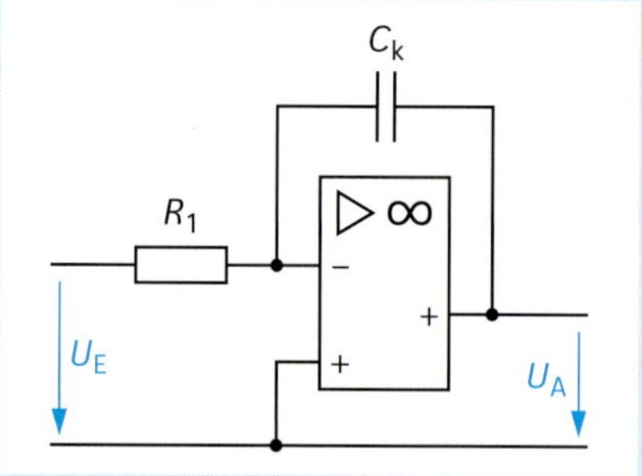

U_E:	Eingangsspannung	$[U_E] = \text{V}$
ΔU_A:	Änderung der Ausgangsspannung	$[\Delta U_A] = \text{V}$
R_1:	Eingangswiderstand	$[R_1] = \Omega$
C_k:	Rückkopplungskondensator	$[C_k] = \text{F}$
Δt:	Zeitänderung	$[\Delta t] = \text{s}$
τ:	Zeitkonstante (Tau)	$[\tau] = \text{s}$
$V_\sim$:	Verstärkungsfaktor für Wechselspannung	

Änderung der Ausgangsspannung:

$$\Delta U_A = -U_E \cdot \Delta t \cdot \frac{1}{R_1 \cdot C_k}$$

$$U_E = -\Delta U_A \cdot R_1 \cdot C_k \cdot \frac{1}{\Delta t} \qquad \Delta t = -\frac{\Delta U_A}{U_E} \cdot R_1 \cdot C_k$$

$$R_1 = -\frac{U_E \cdot \Delta t}{\Delta U_A \cdot C_k} \qquad C_k = -\frac{U_E \cdot \Delta t}{R_1 \cdot \Delta U_A}$$

Zeitkonstante:

$$\tau = R_1 \cdot C_k \qquad R_1 = \frac{C_k}{\tau} \qquad C_k = \frac{\tau}{R_1}$$

Verstärkungsfaktor für Wechselspannung:

$$V_\sim = \frac{1}{2 \cdot \pi \cdot f \cdot R_1 \cdot C_k} \qquad C_k = \frac{1}{2 \cdot \pi \cdot f \cdot R_1 \cdot V_\sim}$$

$$f = \frac{1}{2 \cdot \pi \cdot V_\sim \cdot R_1 \cdot C_k} \qquad R_1 = \frac{1}{2 \cdot \pi \cdot f \cdot V_\sim \cdot C_k}$$

$$V_\sim = -\frac{U_A}{U_E} \qquad U_E = -\frac{U_A}{V_\sim} \qquad U_A = -V_\sim \cdot U_E$$

8.6.6 Differenzierer

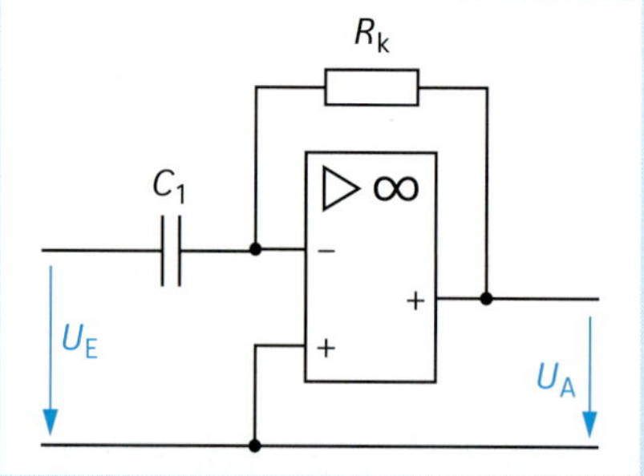

ΔU_E:	Änderung der Eingangsspannung	$[\Delta U_E] = \text{V}$
U_A:	Ausgangsspannung	$[U_A] = \text{V}$
R_k:	Rückkopplungswiderstand	$[R_k] = \Omega$
C_1:	Eingangskondensator	$[C_1] = \text{F}$
Δt:	Zeitänderung	$[\Delta t] = \text{s}$
τ:	Zeitkonstante	$[\tau] = \text{s}$
$V_\sim$:	Verstärkungsfaktor für Wechselspannung	

Ausgangsspannung:

$$U_A = -\frac{\Delta U_E}{\Delta t} \cdot R_k \cdot C_1 \qquad \Delta U_E = -\frac{U_A \cdot \Delta t}{R_k \cdot C_1}$$

$$\Delta t = -\frac{\Delta U_E}{U_A} \cdot R_k \cdot C_1 \qquad R_k = -\frac{U_A \cdot \Delta t}{\Delta U_E \cdot C_1} \qquad C_1 = -\frac{U_A \cdot \Delta t}{\Delta U_E \cdot R_k}$$

Zeitkonstante:

$$\tau = R_k \cdot C_1 \qquad R_k = \frac{C_1}{\tau} \qquad C_1 = \frac{\tau}{R_k}$$

Verstärkungsfaktor für Wechselspannung:

$$V_\sim = 2 \cdot \pi \cdot f \cdot R_k \cdot C_1 \qquad C_1 = \frac{V_\sim}{2 \cdot \pi \cdot f \cdot R_k}$$

$$f = \frac{V_\sim}{2 \cdot \pi \cdot R_k \cdot C_1} \qquad R_k = \frac{V_\sim}{2 \cdot \pi \cdot f \cdot C_1}$$

$$V_\sim = -\frac{U_A}{U_E} \qquad U_A = -V_\sim \cdot U_E$$

8.7 Steuerungen mit Leistungsventilen

8.7.1 Phasenanschnittsteuerung

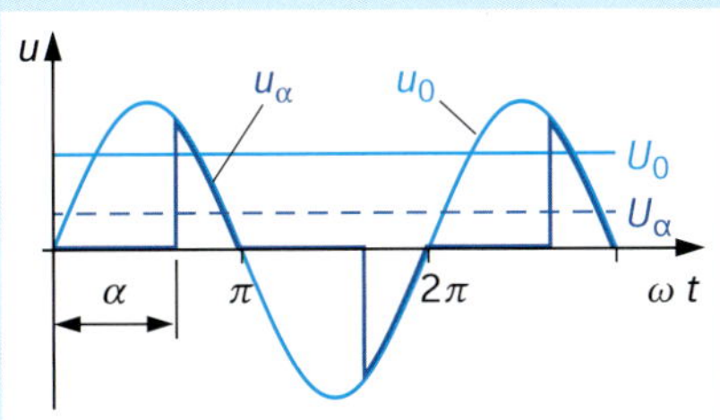

U_0: Spannung bei $\alpha = 0$ (Effektivwert) $[U_0] = \text{V}$

U_α: Spannung bei $\alpha > 0$ (Effektivwert) $[U_\alpha] = \text{V}$

I_0: Stromstärke bei $\alpha = 0$ (Effektivwert) $[I_0] = \text{A}$

I_α: Stromstärke bei $\alpha > 0$ (Effektivwert) $[I_\alpha] = \text{A}$

R: Wirkwiderstand des Betriebsmittels $[R] = \Omega$

P_α: Wirkleistung am Betriebsmittel $[P_\alpha] = \text{W}$

α: Zündwinkel, Phasenanschnittswinkel

Ausgangsspannung:

$$U_\alpha = U_0 \cdot \sqrt{1 - \frac{\alpha}{180°} + \frac{\sin 2\alpha}{2\pi}}$$

Laststrom:

$$I_\alpha = I_0 \cdot \sqrt{1 - \frac{\alpha}{180°} + \frac{\sin 2\alpha}{2\pi}}$$

Lastwiderstand:

$$U_\alpha = R \cdot I_\alpha \qquad R = \frac{U_\alpha}{I_\alpha} \qquad I_\alpha = \frac{U_\alpha}{R}$$

Leistung:

$$P_\alpha = U_\alpha \cdot I_\alpha \cdot \cos\varphi \qquad U_\alpha = \frac{P_\alpha}{I_\alpha \cdot \cos\varphi} \qquad I_\alpha = \frac{P_\alpha}{U_\alpha \cdot \cos\varphi}$$

8.7.2 Schwingungspaket-Steuerung (Periodengruppen-Steuerung)

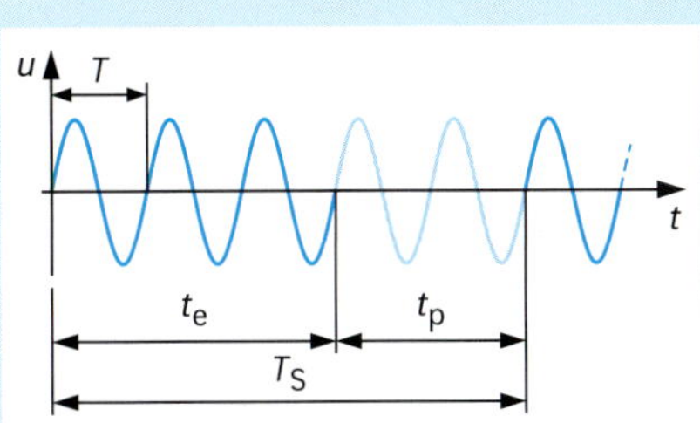

P: gesteuerte Wirkleistung $[P] = \text{W}$

P_{max}: maximale Wirkleistung $[P_{max}] = \text{W}$

T: Periodendauer $[T] = \text{s}$

T_S: Steuerperiode $[T_S] = \text{s}$

t_e: Durchschaltzeit $[t_e] = \text{s}$

t_p: Pausenzeit $[t_p] = \text{s}$

n_S: Schwingungen in einer Steuerperiode

Gesteuerte Wirkleistung:

$$P = \frac{t_e}{T_S} \cdot P_{max} \qquad t_e = T_S \cdot \frac{P}{P_{max}} \qquad P_{max} = P \cdot \frac{T_S}{t_e} \qquad T_S = t_e \cdot \frac{P_{max}}{P}$$

Schwingungszahl:

$$n_S = \frac{T_S}{T} \qquad T_S = n_S \cdot T \qquad T = \frac{T_S}{n_S}$$

Steuerperiode:

$$T_S = t_e + t_p \qquad t_e = T_S - t_p \qquad t_p = T_S - t_e$$

8.7.3 Gleichstromsteller

Pulsfolgesteuerung

Die Periodendauer wird geändert. Die Einschaltdauer bleibt gleich.

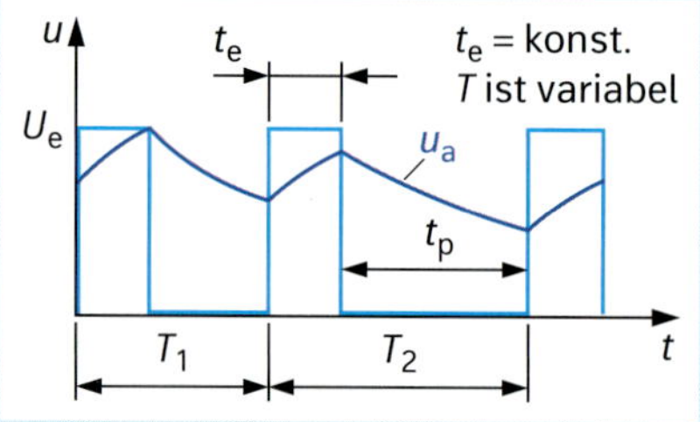

Pulsbreitensteuerung

Die Periodendauer bleibt gleich. Das Verhältnis: Einschaltdauer zur Pausendauer wird geändert.

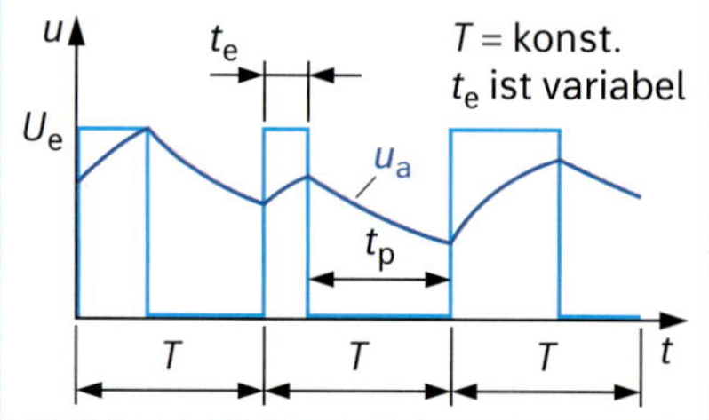

Mittelwertbildung

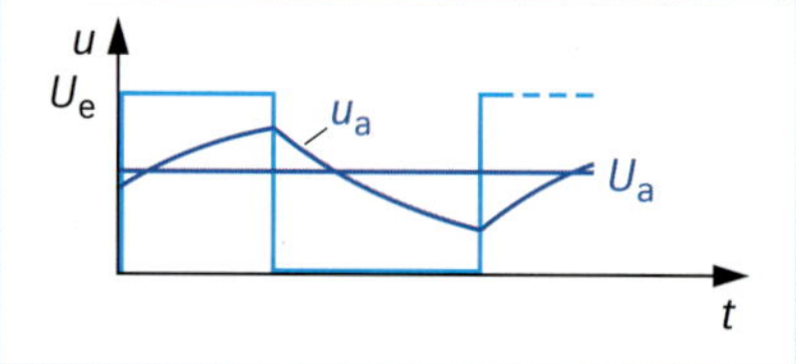

U_e:	zugeführte Gleichspannung	$[U_e] = \text{V}$
U_a:	gestellte Gleichspannung	$[U_a] = \text{V}$
P_e:	maximal mögliche Wirkleistung	$[P_e] = \text{W}$
P_a:	gestellte Wirkleistung	$[P_a] = \text{W}$
T:	Periodendauer	$[T] = \text{A}$
f:	Taktfrequenz	$[f] = \text{Hz}$
t_e:	Einschaltdauer	$[t_e] = \text{s}$
t_p:	Pausendauer	$[t_p] = \text{s}$

Ausgangsspannung:

$$U_a = U_e \cdot \frac{t_e}{T}$$

$$U_e = U_a \cdot \frac{T}{t_e}$$

$$T = t_e \cdot \frac{U_e}{U_a}$$

$$t_e = T \cdot \frac{U_a}{U_e}$$

Ausgangsleistung:

$$P_a = P_e \cdot \frac{t_e}{T}$$

$$P_e = P_a \cdot \frac{T}{t_e}$$

$$T = t_e \cdot \frac{P_e}{P_a}$$

$$t_e = T \cdot \frac{P_a}{P_e}$$

Periodendauer:

$$T = t_e + t_p$$

$$t_e = T - t_p$$

$$t_p = T - t_e$$

$$T = \frac{1}{f}$$

$$f = \frac{1}{T}$$

9.1 Regelstrecken

9.1.1 Regelstrecken mit Ausgleich (P-Strecken)

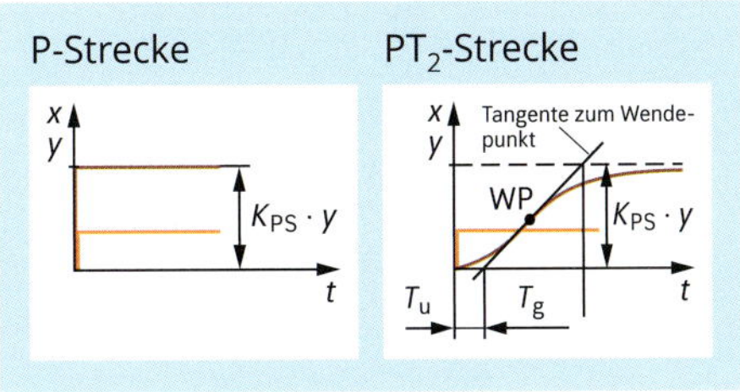

K_{PS}: Proportionalbeiwert
Δx: Regelgrößenänderung
Δy: Stellgrößenänderung

Übertragungsbeiwert:

$$K_{PS} = \frac{\Delta x}{\Delta y}$$

$$\Delta x = K_{PS} \cdot \Delta y$$

$$\Delta y = \frac{\Delta x}{K_{PS}}$$

9.1.2 Regelstrecken ohne Ausgleich (I-Strecken)

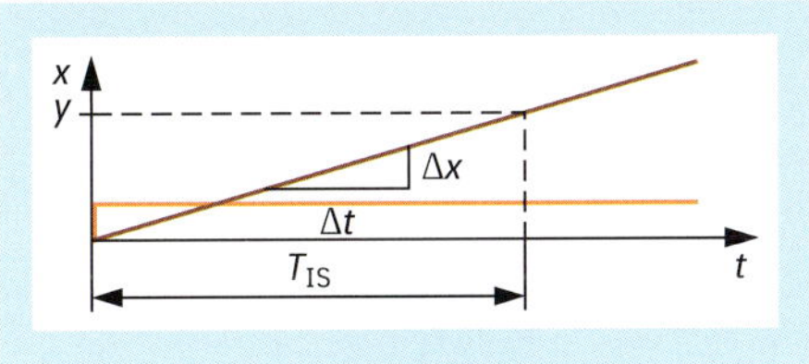

K_{IS}: Intergrierbeiwert
v_x: Regelgrößengeschwindigkeit
y: Stellgröße
Δx: Regelgrößenänderung
Δt: Zeitdauer $[\Delta t] = \text{s}$

Regelgrößengeschwindigkeit:

$$v_x = \frac{\Delta x}{\Delta t}$$

$$\Delta x = v_x \cdot \Delta t \qquad \Delta t = \frac{\Delta x}{v_x}$$

Integrierbeiwert:

$$K_{IS} = v_x \cdot \frac{1}{y}$$

$$v_x = y \cdot K_{IS} \qquad y = v_x \cdot \frac{1}{K_{IS}}$$

9.2 Stetige Regler

9.2.1 Proportionalregler (P-Regler)

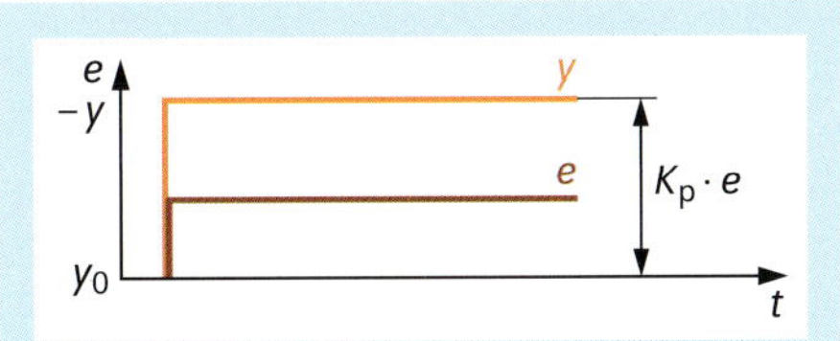

K_P: Proportionalbeiwert
y: Stellgröße
y_0: Stellgrößenanfangswert
w: Führungsgröße (Sollwert)
r: Rückführgröße
e: Regeldifferenz

Proportionalbeiwert:

$$K_p = \frac{y - y_0}{e}$$

$$y = K_P \cdot e + y_0$$

$$y_0 = y - K_P \cdot e$$

$$e = \frac{y - y_0}{K_P}$$

Regeldifferenz:

$$e = w - r$$

$$w = e + r \qquad r = w - e$$

9.2.2 Integralregler (I-Regler)

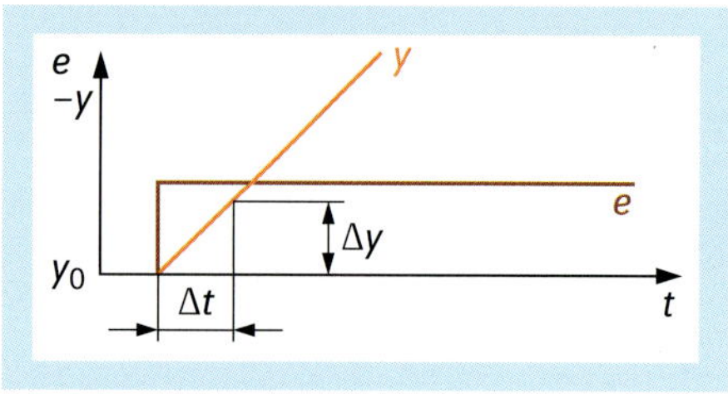

K_I: Integrierbeiwert
e: Regeldifferenz
Δy: Stellgrößenänderung
Δt: Stellgrößenänderung $[\Delta t] = s$
w: Führungsgröße (Sollwert)
r: Rückführgröße

Integrierbeiwert:

$$K_I = \frac{1}{e} \cdot \frac{\Delta y}{\Delta t}$$

$e = \frac{1}{K_I} \cdot \frac{\Delta y}{\Delta t}$ $\Delta y = K_I \cdot e \cdot \Delta t$

$\Delta t = \frac{1}{e} \cdot \frac{\Delta y}{K_I}$

Regeldifferenz:

$$e = w - r$$

$w = e + r$ $r = w - e$

9.2.3 PID-Regler

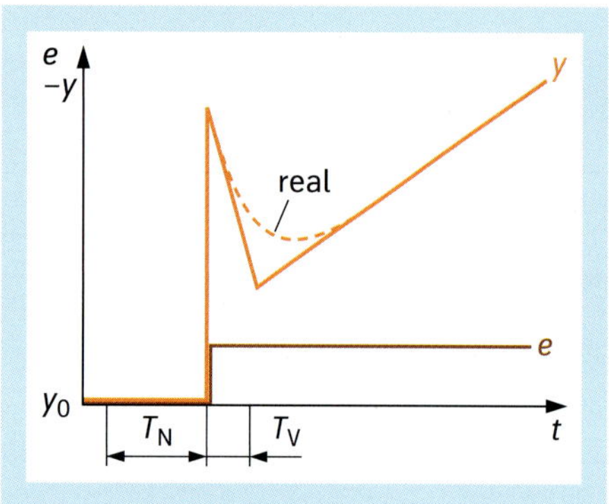

Δy: Stellgrößenänderung
K_P: Proportionalbeiwert
e: Regeldifferenz
Δt: Zeitdauer $[\Delta t] = s$
T_N: Nachstellzeit $[T_N] = s$
T_V: Vorhaltezeit $[T_V] = s$
w: Führungsgröße (Sollwert)
r: Rückführgröße

Integrierbeiwert:

$$\Delta y = K_P \cdot e \cdot \left(1 + \frac{\Delta t}{T_N} + \frac{T_V}{\Delta t}\right)$$

$K_P = \frac{\Delta y}{e \cdot \left(1 + \frac{\Delta t}{T_N} + \frac{T_y}{\Delta t}\right)}$ $e = \frac{\Delta y}{K_P \cdot \left(1 + \frac{\Delta t}{T_N} + \frac{T_y}{\Delta t}\right)}$

$T_N = \frac{\Delta t}{\frac{\Delta y}{K_P \cdot e} - 1 - \frac{T_V}{\Delta t}}$ $T_V = \Delta t \cdot \left(\frac{\Delta y}{K_P \cdot e} - 1 - \frac{\Delta t}{T_V}\right)$

Regeldifferenz:

$$e = w - r$$

$w = e + r$ $r = w - e$

10.1 Leitungsberechnung

10.1.1 Spannungsfall und Verlustleistung bei Gleich- und Wechselspannungsleitungen

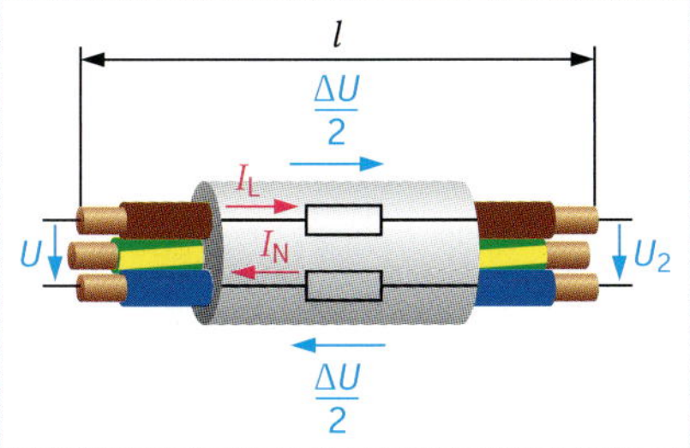

ΔU: absoluter Spannungsfall $[\Delta U] = \mathrm{V}$
l: Leitungslänge $[l] = \mathrm{m}$
I: Stromstärke $[I] = \mathrm{A}$
κ: elektr. Leitfähigkeit (Kappa) $[\kappa] = 1\,\frac{\mathrm{MS}}{\mathrm{m}} = 1\,\frac{\mathrm{m}}{\mathrm{mm^2 \cdot \Omega}}$
ρ: spezifischer Widerstand (rho) $[\rho] = \frac{\Omega \cdot \mathrm{mm^2}}{\mathrm{m}}$
q: Leiterquerschnitt $[q] = \mathrm{mm^2}$
$\cos\varphi$: Wirkleistungsfaktor
Δu: prozentualer Spannungsfall
U: Versorgungsspannung $[U] = \mathrm{V}$
U_2: Spannung am Ende der Leitung $[U_2] = \mathrm{V}$
P_v: Verlustleistung $[P_\mathrm{v}] = \mathrm{W}$
P: Anschlussleistung $[P] = \mathrm{W}$

für Kupferleiter gilt:

$$\kappa = 56\,\frac{\mathrm{m}}{\mathrm{mm^2 \cdot \Omega}}$$

$$\rho = 0{,}01786\,\frac{\Omega \cdot \mathrm{mm^2}}{\mathrm{m}}$$

für Aluminiumleiter gilt:

$$\kappa = 36\,\frac{\mathrm{m}}{\mathrm{mm^2 \cdot \Omega}}$$

$$\rho = 0{,}02778\,\frac{\Omega \cdot \mathrm{mm^2}}{\mathrm{m}}$$

Absoluter Spannungsfall:

$$\Delta U = \frac{2 \cdot l \cdot I \cdot \cos\varphi}{\kappa \cdot q}$$

$$l = \frac{\Delta U \cdot \kappa \cdot q}{2 \cdot I \cdot \cos\varphi} \qquad I = \frac{\Delta U \cdot \kappa \cdot q}{2 \cdot l \cdot \cos\varphi} \qquad q = \frac{2 \cdot l \cdot I \cdot \cos\varphi}{\Delta U \cdot \kappa}$$

$$\Delta U = U - U_2$$

$$U = \Delta U + U_2 \qquad U_2 = U - \Delta U$$

$$\kappa = \frac{1}{\rho}$$

$$\rho = \frac{1}{\kappa}$$

Prozentualer Spannungsfall:

$$\Delta u = \frac{\Delta U}{U} \cdot 100\,\%$$

$$\Delta U = \frac{\Delta u \cdot U}{100\,\%} \qquad U = \frac{\Delta U}{\Delta u} \cdot 100\,\%$$

Absoluter Wirkleistungsverlust:

$$P_\mathrm{v} = \frac{2 \cdot l \cdot I^2}{\kappa \cdot q}$$

$$l = \frac{P_\mathrm{v} \cdot \kappa \cdot q}{2 \cdot I^2} \qquad I = \sqrt{\frac{P_\mathrm{v} \cdot \kappa \cdot q}{2 \cdot l}} \qquad q = \frac{2 \cdot l \cdot I^2}{P_\mathrm{v} \cdot \kappa}$$

Prozentualer Wirkleistungsverlust:

$$P_{\mathrm{v}\%} = \frac{P_\mathrm{v}}{P} \cdot 100\,\%$$

$$P_\mathrm{v} = \frac{P_{\mathrm{v}\%} \cdot P}{100\,\%} \qquad P = \frac{P_\mathrm{v}}{P_{\mathrm{v}\%}} \cdot 100\,\%$$

10.1.2 Spannungsfall und Verlustleistung bei symmetrisch belasteten Drehstromleitungen

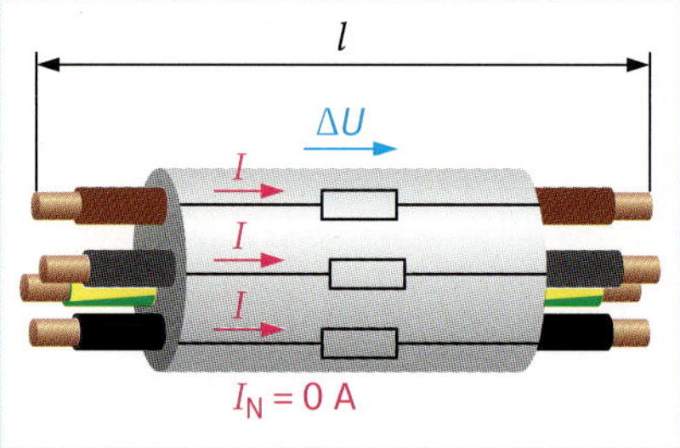

ΔU:	absoluter Spannungsfall	$[\Delta U] = \mathrm{V}$
l:	Leitungslänge	$[l] = \mathrm{m}$
I:	Stromstärke	$[I] = \mathrm{A}$
κ:	elektr. Leitfähigkeit (Kappa)	$[\kappa] = 1\,\frac{\mathrm{MS}}{\mathrm{m}} = 1\,\frac{\mathrm{m}}{\mathrm{mm^2 \cdot \Omega}}$
ρ:	spezifischer Widerstand (rho)	$[\rho] = \frac{\Omega \cdot \mathrm{mm^2}}{\mathrm{m}}$
q:	Leiterquerschnitt	$[q] = \mathrm{mm^2}$
$\cos\varphi$:	Wirkleistungsfaktor	
Δu:	prozentualer Spannungsfall	
U:	Versorgungsspannung	$[U] = \mathrm{V}$
U_2:	Spannung am Ende der Leitung	$[U_2] = \mathrm{V}$
P_V:	Verlustleistung	$[P_\mathrm{V}] = \mathrm{W}$
P:	Anschlussleistung	$[P] = \mathrm{W}$

für Kupferleiter gilt:

$$\kappa = 56\,\frac{\mathrm{m}}{\mathrm{mm^2 \cdot \Omega}}$$

$$\rho = 0{,}01786\,\frac{\Omega \cdot \mathrm{mm^2}}{\mathrm{m}}$$

für Aluminiumleiter gilt:

$$\kappa = 36\,\frac{\mathrm{m}}{\mathrm{mm^2 \cdot \Omega}}$$

$$\rho = 0{,}02778\,\frac{\Omega \cdot \mathrm{mm^2}}{\mathrm{m}}$$

Absoluter Spannungsfall:

$$\Delta U = \frac{\sqrt{3} \cdot l \cdot I \cdot \cos\varphi}{\kappa \cdot q}$$

$$l = \frac{\Delta U \cdot \kappa \cdot q}{\sqrt{3} \cdot I \cdot \cos\varphi}$$

$$I = \frac{\Delta U \cdot \kappa \cdot q}{\sqrt{3} \cdot l \cdot \cos\varphi}$$

$$q = \frac{\sqrt{3} \cdot l \cdot I \cdot \cos\varphi}{\Delta U \cdot \kappa}$$

$$\Delta U = U - U_2$$

$$U = \Delta U + U_2$$

$$U_2 = U - \Delta U$$

$$\kappa = \frac{1}{\rho}$$

$$\rho = \frac{1}{\kappa}$$

Prozentualer Spannungsfall:

$$\Delta u = \frac{\Delta U}{U} \cdot 100\,\%$$

$$\Delta U = \frac{\Delta u \cdot U}{100\,\%}$$

$$U = \frac{\Delta U}{\Delta u} \cdot 100\,\%$$

Absoluter Wirkleistungsverlust:

$$P_\mathrm{V} = \frac{3 \cdot l \cdot I^2}{\kappa \cdot q}$$

$$l = \frac{P_\mathrm{V} \cdot \kappa \cdot q}{3 \cdot I^2}$$

$$I = \sqrt{\frac{P_\mathrm{V} \cdot \kappa \cdot q}{3 \cdot l}}$$

$$q = \frac{3 \cdot l \cdot I^2}{P_\mathrm{V} \cdot \kappa}$$

Prozentualer Wirkleistungsverlust:

$$P_{\mathrm{V}\%} = \frac{P_\mathrm{V}}{P} \cdot 100\,\%$$

$$P_\mathrm{V} = \frac{P_{\mathrm{V}\%} \cdot P}{100\,\%}$$

$$P = \frac{P_\mathrm{V}}{P_{\mathrm{V}\%}} \cdot 100\,\%$$

10.1.3 Spannungsfall bei verzweigten Leitungen

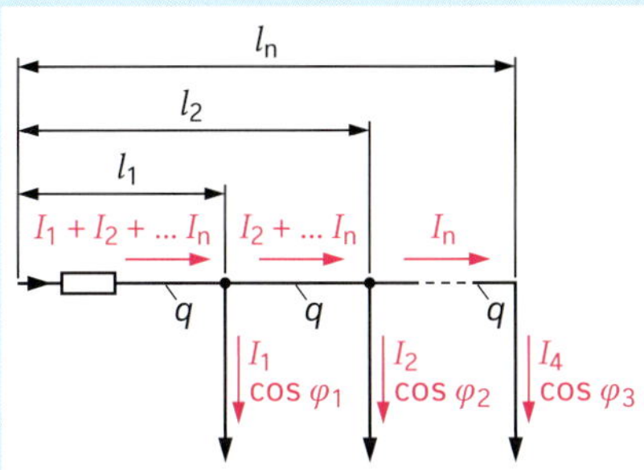

ΔU: absoluter Spannungsfall $[\Delta U] = \mathrm{V}$
l: Leitungslänge $[l] = \mathrm{m}$
I: Stromstärke $[I] = \mathrm{A}$
κ: elektr. Leitfähigkeit (Kappa) $[\kappa] = 1\,\frac{\mathrm{MS}}{\mathrm{m}} = 1\,\frac{\mathrm{m}}{\mathrm{mm^2 \cdot \Omega}}$
ρ: spezifischer Widerstand (rho) $[\rho] = \frac{\Omega \cdot \mathrm{mm^2}}{\mathrm{m}}$
q: Leiterquerschnitt $[q] = \mathrm{mm^2}$
$\cos\varphi$: Wirkleistungsfaktor
$\cos\varphi_m$: mittlerer Wirkleistungsfaktor
Δu: prozentualer Spannungsfall
U: Versorgungsspannung $[U] = \mathrm{V}$
P_v: Verlustleistung $[P_v] = \mathrm{W}$
P: Anschlussleistung $[P] = \mathrm{W}$

$$\kappa = \frac{1}{\rho}$$

für Kupferleiter gilt:

$$\kappa = 56\,\frac{\mathrm{m}}{\mathrm{mm^2 \cdot \Omega}}$$

$$\rho = 0{,}01786\,\frac{\Omega \cdot \mathrm{mm^2}}{\mathrm{m}}$$

für Aluminiumleiter gilt:

$$\kappa = 36\,\frac{\mathrm{m}}{\mathrm{mm^2 \cdot \Omega}}$$

$$\rho = 0{,}02778\,\frac{\Omega \cdot \mathrm{mm^2}}{\mathrm{m}}$$

Gleich- und Wechselstrom

Absoluter Spannungsfall:

$$\Delta U = \frac{2 \cdot \cos\varphi_m}{\kappa \cdot q} \cdot (I_1 \cdot l_1 + I_2 \cdot l_2 + \ldots I_n \cdot l_n)$$

Mittlerer Leistungsfaktor bei unterschiedlichen Verbrauchern:

$$\cos\varphi_m = \frac{I_1 \cdot \cos\varphi_1 + I_2 \cdot \cos\varphi_2 + \ldots I_n \cdot \cos\varphi_n}{I_1 + I_2 + \ldots I_n}$$

Prozentualer Spannungsfall:

$$\Delta u = \frac{2 \cdot 100\,\% \cdot \cos\varphi_m}{\kappa \cdot q \cdot U} \cdot (I_1 \cdot l_1 + I_2 \cdot l_2 + \ldots I_n \cdot l_n)$$

Absoluter Wirkleistungsverlust:

$$P_v = \frac{2}{\kappa \cdot q} \cdot (I_1^2 \cdot l_1 + I_2^2 \cdot l_2 + \ldots I_n^2 \cdot l_n)$$

Prozentualer Wirkleistungsverlust:

$$P_{v\%} = \frac{P_v}{P_1 + P_2 + \ldots P_n} \cdot 100\,\%$$

Drehstrom

Absoluter Spannungsfall:

$$\Delta U = \frac{\sqrt{3} \cdot \cos\varphi_m}{\kappa \cdot q} \cdot (I_1 \cdot l_1 + I_2 \cdot l_2 + \ldots I_n \cdot l_n)$$

Prozentualer Spannungsfall:

$$\Delta u = \frac{\sqrt{3} \cdot 100\,\% \cdot \cos\varphi_m}{\kappa \cdot q \cdot U} \cdot (I_1 \cdot l_1 + I_2 \cdot l_2 + \ldots I_n \cdot l_n)$$

Absoluter Wirkleistungsverlust:

$$P_v = \frac{3}{\kappa \cdot q} \cdot (I_1^2 \cdot l_1 + I_2^2 \cdot l_2 + \ldots I_n^2 \cdot l_n)$$

Prozentualer Wirkleistungsverlust:

$$P_{v\%} = \frac{P_v}{P_1 + P_2 + \ldots P_n} \cdot 100\,\%$$

10.2 Schutzmaßnahmen

10.2.1 Schutzmaßnahmen im TN-System

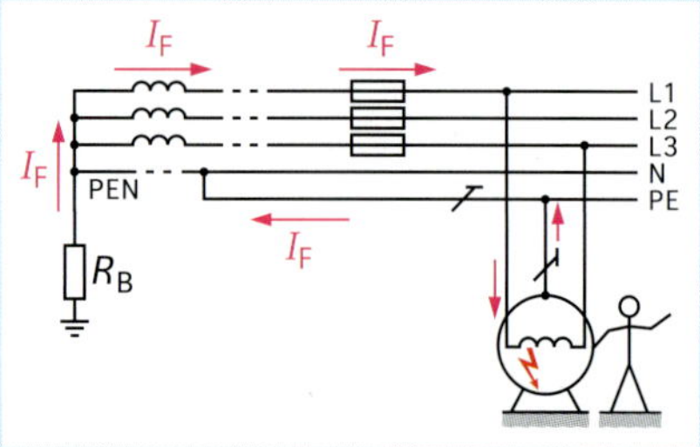

I_F:	Fehlerstromstärke	$[I_F]$ = A
U_0:	Nennspannung	$[U_0]$ = V
Z_S:	Schleifenimpedanz	$[Z_S]$ = Ω
I_a:	Abschaltstromstärke des Schutzorgans	$[I_a]$ = A
I_n:	Bemessungsstromstärke des Schutzorgans	$[I_n]$ = A
k:	Auslösefaktor des LS-Schalters	

Fehlerstromstärke:

$$I_F = \frac{U_0}{Z_S}$$

$$U_0 = I_F \cdot Z_S \qquad Z_S = \frac{U_0}{I_F}$$

Schleifenimpedanz:

$$Z_S \leq \frac{U_0}{I_a}$$

$$I_a \leq \frac{U_0}{Z_S}$$

Abschaltstrom des Schutzorgans:

$$I_a \geq k \cdot I_n$$

10.2.2 Schutzmaßnahmen im TT-System

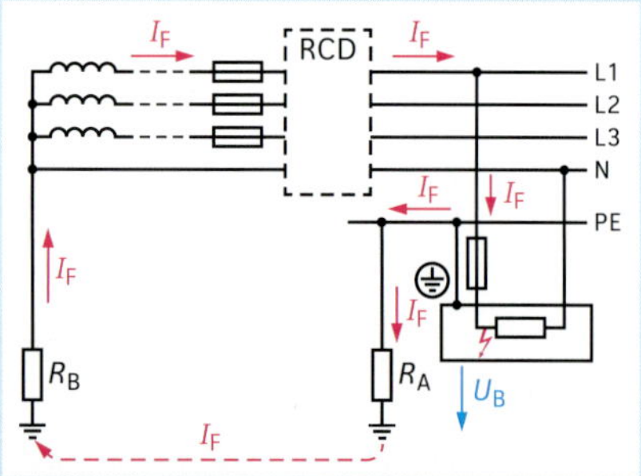

R_A:	Widerstand des Anlagenerders	$[R_A]$ = Ω
$I_{\Delta N}$:	Bemessungsdifferenzstrom des RCDs	$[I_{\Delta N}]$ = A
U_0:	Nennspannung	$[U_0]$ = V
Z_S:	Schleifenimpedanz	$[Z_S]$ = Ω
I_a:	Abschaltstromstärke des Schutzorgans	$[I_a]$ = A
I_n:	Bemessungsstromstärke des Schutzorgans	$[I_n]$ = A
k:	Auslösefaktor des LS-Schalters	
I_F:	Fehlerstromstärke	$[I_F]$ = A

Abschaltbedingung mit RCD (VDE 0100-410: 2018-10):

$$R_A \leq \frac{50\ \text{V}}{I_{\Delta N}}$$

$$I_{\Delta N} \leq \frac{50\ \text{V}}{R_A}$$

Abschaltbedingung bei Verwendung von Überstromschutzorganen (VDE 0100-410: 2018-10):

$$Z_S \leq \frac{U_0}{I_a}$$

$$I_a \leq \frac{U_0}{Z_S}$$

Fehlerstrom:

$$I_F = \frac{U_0}{R_i + R_A + R_B}$$

$$R_i = \frac{U_0}{I_F} - R_A - R_B$$

$$R_A = \frac{U_0}{I_F} - R_i - R_B$$

$$R_B = \frac{U_0}{I_F} - R_A - R_i$$

10.3 Beleuchtungstechnik

10.3.1 Beleuchtungsstärke und Leuchten-Betriebswirkungsgrad

E:	Beleuchtungsstärke	$[E]$ = lx
ϕ:	Lichtstrom	$[\phi]$ = lm
A:	Fläche	$[A]$ = m²

Beleuchtungsstärke:

$$E = \frac{\phi}{A}$$

$$\phi = E \cdot A \qquad A = \frac{\phi}{E}$$

10.3.2 Leuchten-Betriebswirkungsgrad

η_{LB}:	Leuchten-Betriebswirkungsgrad	
ϕ_{Le}:	Lichtstrom Leuchte	$[\phi_{Le}]$ = lm
ϕ_{La}:	Lichtstrom Lampe	$[\phi_{La}]$ = lm

Leuchten-Betriebswirkungsgrad:

$$\eta_{LB} = \frac{\phi_{Le}}{\phi_{La}}$$

$$\phi_{Le} = \eta_{LB} \cdot \phi_{La}$$

$$\phi_{La} = \frac{\phi_{Le}}{\eta_{LB}}$$

10.3.3 Lichtausbeute

η:	Lichtausbeute	$[\eta] = \frac{lm}{W}$
ϕ:	Lichtstrom	$[\phi]$ = lm
P:	elektrische Leistung	$[P]$ = W

Lichtausbeute:

$$\eta = \frac{\phi}{P}$$

$$\phi = \eta \cdot P \qquad P = \frac{\phi}{\eta}$$

10.3.4 Lichtstärke

I:	Lichtstärke	$[I]$ = cd
ϕ:	Lichtstrom	$[\phi]$ = lm
Ω:	Raumwinkel (Omega)	$[\Omega]$ = sr

Lichtstärke:

$$I = \frac{\phi}{\Omega}$$

$$\phi = \Omega \cdot I \qquad \Omega = \frac{\phi}{I}$$

10.3.5 Leuchtdichte

L:	Leuchtdichte	$[L] = \frac{cd}{m^2}$
I:	Lichtstärke	$[I]$ = cd
A:	Fläche	$[A]$ = m²

Lichtdichte:

$$L = \frac{I}{A}$$

$$I = L \cdot A \qquad A = \frac{I}{L}$$

10.3.6 Ermittlung der Leuchtenzahl nach dem Wirkungsgradverfahren

k: Raumindex
A: Fläche $[A] = m^2$
a: Raumlänge $[a] = m$
b: Raumbreite $[b] = m$
h: Leuchtenhöhe über der Nutzebene $[h] = m$
η_B: Beleuchtungswirkungsgrad
η_{LB}: Leuchten-Betriebswirkungsgrad
η_R: Raumwirkungsgrad
n: Leuchtenzahl
$\overline{E}$: Mittlere Beleuchtungsstärke $[\overline{E}] = lx$
ϕ_{Le}: Lichtstrom der gesamten Leuchte $[\phi_{Le}] = lm$
MF: Wartungsfaktor (maintenance factor)
p: Planungsfaktor

Raumindex für direkte Beleuchtung:

$$k = \frac{A}{(a+b)\cdot h}$$ 1. Schritt

Beleuchtungswirkungsgrad:

$$\eta_B = \eta_{LB} \cdot \eta_R$$ 4. Schritt

Anzahl der Leuchten:

$$n = \frac{\overline{E}\cdot A}{\phi_{Le}\cdot \eta_B \cdot MF}$$ 7. Schritt

Wartungsfaktor und Planungsfaktor:

$$MF = \frac{1}{p}$$

1. Schritt
Berechnung des Raumindex k. $k = \frac{A}{(a+b)\cdot h}$

2. Schritt
Ablesen des Raumwirkungsgrades η_R aus Leuchtentabelle unter Berücksichtigung der Reflexionsfaktoren ϱ des Raumes.

3. Schritt
Ermittlung des Leuchten-Betriebswirkungsgrades η_{LB} aus Leuchtendatenblatt.

4. Schritt
Errechnen des Beleuchtungswirkungsgrades. $\eta_B = \eta_{LB} \cdot \eta_R$

5. Schritt
Festlegung der mittleren Mindestbeleuchtungsstärke nach DIN EN 12464-1 oder Arbeitsstättenrichtlinie ASR A3.4.

6. Schritt
Festlegung des Wartungsfaktors über empfohlene Pauschalwerte oder individuelle Berechnung.

7. Schritt
Berechnung der erforderlichen Leuchtenzahl. $n = \frac{\overline{E}\cdot A}{\phi_{Le}\cdot \eta_B \cdot MF}$

10.4 Trennungsabstand bei Blitzschutzanlagen

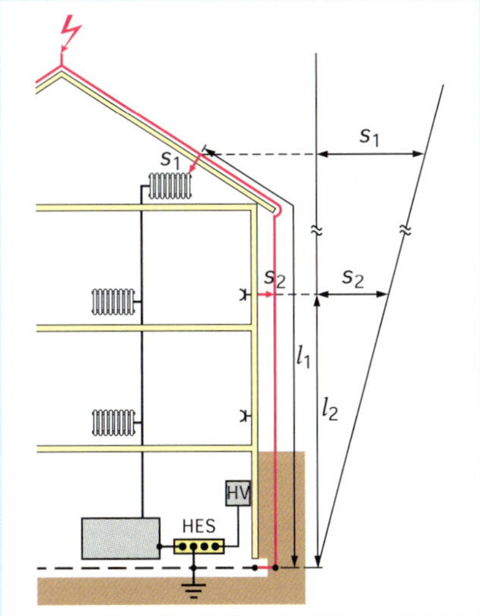

s: Trennungsabstand $[s]$ = m
k_i: Induktionsfaktor
k_c: Stromaufteilungskoeffizient
k_m: Materialfaktor
l: Leiterlänge ab Berechnungspunkt $[l]$ = m
d: Materialdicke $[d]$ = m
d_g: Gesamtdicke $[d_g]$ = m

Trennungsabstand:

$$s = k_i \cdot \frac{k_c}{k_m} \cdot l$$

$$l = s \cdot \frac{k_m}{k_i \cdot k_c}$$

Induktionsfaktor k_i	
LPS-Schutzklasse	k_i
I	0,08
II	0,06
III und IV	0,04

Stromaufteilungskoeffizient k_c	
Anzahl der Ableitungen	
1	1
2	0,66
3 und mehr	0,44

Materialfaktor k_m	
Material	k_m
Luft	1
Feststoff	0,5

Durchschnittlicher Materialfaktor bei unterschiedlichen Materialien:

$$k_{mg} = \frac{d_1 \cdot k_{m1} + d_2 \cdot k_{m2} + \ldots + d_n \cdot k_{mn}}{d_g}$$

10.5 Antennentechnik

10.5.1 Dämpfungs- und Verstärkungsfaktoren

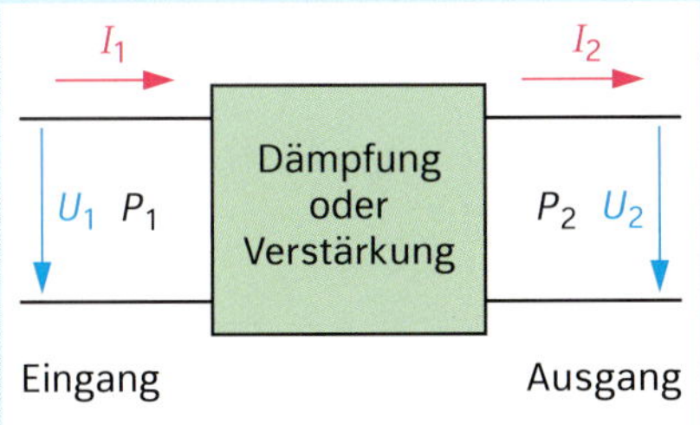

D_u: Spannungsdämpfungsfaktor
T_u: Spannungsverstärkungsfaktor
U: Spannung $[U]$ = V

Spannungsdämpfungsfaktor:

$$D_u = \frac{U_1}{U_2}$$

$$U_1 = D_u \cdot U_2 \qquad U_2 = \frac{U_1}{D_u}$$

Spannungsverstärkungsfaktor:

$$T_u = \frac{U_2}{U_1}$$

$$U_1 = \frac{U_2}{T_u} \qquad U_2 = T_u \cdot U_1$$

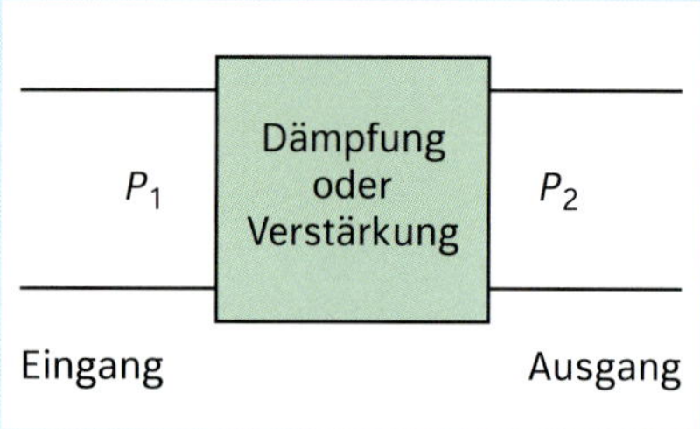

D_P: Leistungsdämpfungsfaktor
T_P: Leistungsverstärkungsfaktor
P: Leistung $[P] = \mathrm{W}$

Leistungsdämpfungsfaktor:

$$D_P = \frac{P_1}{P_2}$$

$P_1 = D_P \cdot P_2$ $\quad P_2 = \frac{P_1}{D_P}$

Leistungsverstärkungsfaktor:

$$T_P = \frac{P_2}{P_1}$$

$P_1 = \frac{P_2}{T_P}$ $\quad P_2 = T_P \cdot P_1$

10.5.2 Dämpfungs- und Verstärkungsmaße

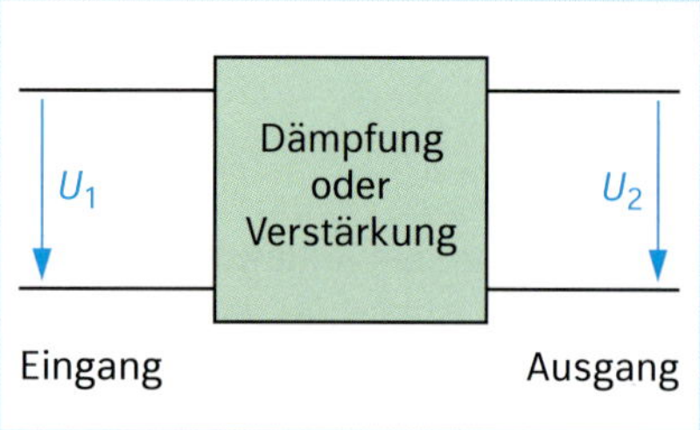

a_{du}: Spannungsdämpfungsmaß $[a_{du}] = \mathrm{dB}$
a_{vu}: Spannungsverstärkungsmaß $[a_{vu}] = \mathrm{dB}$
U: Spannung $[U] = \mathrm{V}$
a_{dp}: Leistungsdämpfungsmaß $[a_{dp}] = \mathrm{dB}$
a_{vp}: Leistungsverstärkungsmaß $[a_{vp}] = \mathrm{dB}$
P: Leistung $[P] = \mathrm{W}$

Spannungsdämpfungsmaß:

$$a_{du} = 20 \cdot \lg \frac{U_1}{U_2} \mathrm{dB}$$

$U_1 = U_2 \cdot 10^{\frac{a_{du}}{20}}$

$U_2 = \frac{U_1}{10^{\frac{a_{du}}{20}}}$

Spannungsverstärkungsmaß:

$$a_{vu} = 20 \cdot \lg \frac{U_2}{U_1} \mathrm{dB}$$

$U_1 = \frac{U_2}{10^{\frac{a_{vu}}{20}}}$

$U_2 = U_1 \cdot 10^{\frac{a_{vu}}{20}}$

Gesamtdämpfungsmaß:

$$a_{u\,ges} = a_{u1} + a_{u2} + \ldots + a_{un}$$

Leistungsdämpfungsmaß:

$$a_{dp} = 10 \cdot \lg \frac{P_1}{P_2} \mathrm{dB}$$

$P_1 = P_2 \cdot 10^{\frac{a_{dp}}{10}}$

$P_2 = \frac{P_1}{10^{\frac{a_{dp}}{10}}}$

Leistungsverstärkungsmaß:

$$a_{vp} = 10 \cdot \lg \frac{P_2}{P_1} \mathrm{dB}$$

$P_1 = \frac{P_2}{10^{\frac{a_{vp}}{10}}}$

$P_2 = P_1 \cdot 10^{\frac{a_{vp}}{10}}$

10.5.3 Spannungspegel

L_u: Spannungspegel $[L_u]$ = dBµV
U: Spannung $[U]$ = µV
U_0: Bezugsspannung $[U_0]$ = 1 µV

Bezugsspannung bei Antennenanlagen:

$U_0 = 1\ \mu V$

Spannungspegel:

$$L_u = 20 \cdot \lg \frac{U}{U_0}$$

$$U = U_0 \cdot 10^{\frac{L_u}{20}}$$

10.5.4 Leistungspegel

L_P: Leistungspegel $[L_P]$ = dBm
P: Leistung $[P]$ = mW
P_0: Bezugsleistung $[P_0]$ = 1 mW

Bezugsleistung bei Antennenanlagen:

$P_0 = 1\ mW$

Spannungspegel:

$$L_P = 10 \cdot \lg \frac{P}{P_0}$$

$$P = P_0 \cdot 10^{\frac{L_P}{10}}$$

10.5.5 Mindestverstärkungsmaß einer Antennenanlage

a_{uv}: Mindestverstärkungsmaß $[a_{uv}]$ = dB
a_{ges}: Gesamtdämpfungsmaß $[a_{ges}]$ = dB
$L_{u\,min}$: Mindestpegel an Antennendose $[L_{u\,min}]$ = dBµV
L_v: Spannungspegel vor Verstärkung $[L_v]$ = dBµV

Mindestverstärkungsmaß:

$$a_{uv} = a_{ges} + L_{u\,min} - L_v$$

$$a_{ges} = a_{uv} - L_{u\,min} + L_v$$

$$L_{u\,min} = a_{uv} - a_{ges} + L_v$$

$$L_v = a_{ges} + L_{u\,min} - a_{uv}$$

10.5.6 Elektromagnetische Wellenlänge

λ: Wellenlänge $[\lambda]$ = m
f: Frequenz $[f]$ = Hz = $\frac{1}{s}$
c: Ausbreitungsgeschwindigkeit einer elektromagnetischen Welle $[c] = \frac{m}{s}$

Mindestverstärkungsmaß:

$$\lambda = \frac{c}{f}$$

$$f = \frac{c}{\lambda}$$

$$c = 299792{,}5\ \frac{km}{s} \approx 300 \cdot 10^6\ \frac{m}{s}$$

10.5.7 Biegemoment einer Antennenanlage

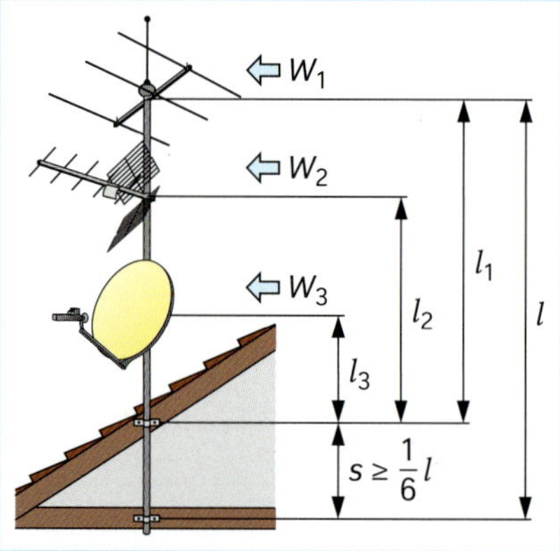

M_b:	Biegemoment	$[M_b]$ = Nm
W:	Windlast	$[W]$ = N
l:	Länge	$[l]$ = m
s:	Mindesteinspannlänge	$[s]$ = m

Biegemoment:

$$M_b = W_1 \cdot l_1 + W_2 \cdot l_2 + \ldots + W_n \cdot l_n$$

Mindesteinspannlänge:

$$s \geq \frac{1}{6} \cdot l$$

$l \leq 6 \cdot s$

11.1 Transformator

11.1.1 Übersetzungsverhältnisse

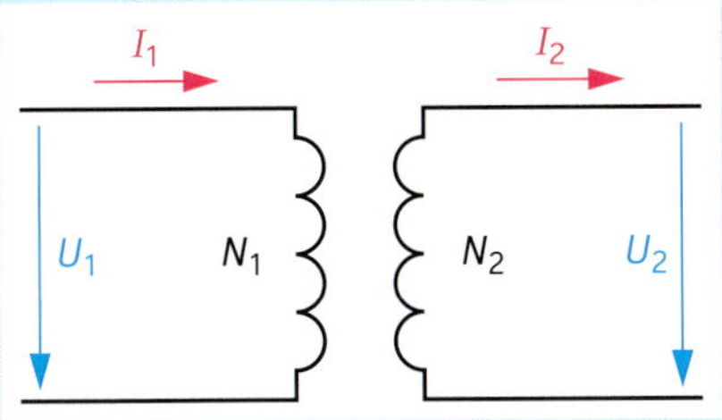

$ü$: Übersetzungsverhältnis
U_1: Primärspannung $[U_1] = \text{V}$
U_2: Sekundärspannung $[U_2] = \text{V}$
N_1: Windungszahl Primärwicklung
N_2: Windungszahl Sekundärwicklung
I_1: Primärstromstärke $[I_1] = \text{A}$
I_2: Sekundärstromstärke $[I_2] = \text{A}$
Z_1: Scheinwiderstand Primärseite $[Z_1] = \Omega$
Z_2: Scheinwiderstand Sekundärseite $[Z_2] = \Omega$

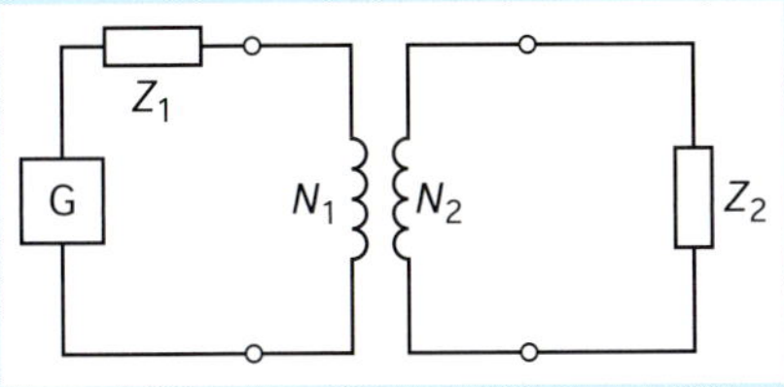

Übersetzungsverhältnis:

$$ü = \frac{N_1}{N_2} = \frac{U_1}{U_2}$$

$N_1 = ü \cdot N_2$ $\quad U_1 = ü \cdot U_2$

$N_2 = \frac{N_1}{ü}$ $\quad U_2 = \frac{U_1}{ü}$

Spannungsübersetzung:

$$\frac{N_1}{N_2} = \frac{U_1}{U_2}$$

$N_1 = N_2 \cdot \frac{U_1}{U_2}$ $\quad U_1 = U_2 \cdot \frac{N_1}{N_2}$

$N_2 = N_1 \cdot \frac{U_2}{U_1}$ $\quad U_2 = U_1 \cdot \frac{N_2}{N_1}$

Stromübersetzung:

$$\frac{N_1}{N_2} = \frac{I_2}{I_1}$$

$N_1 = N_2 \cdot \frac{I_2}{I_1}$ $\quad I_2 = I_1 \cdot \frac{N_1}{N_2}$

$N_2 = N_1 \cdot \frac{I_1}{I_2}$ $\quad I_1 = I_2 \cdot \frac{N_2}{N_1}$

Spannung-Strom-Übersetzung:

$$\frac{U_1}{U_2} = \frac{I_2}{I_1}$$

$U_1 = U_2 \cdot \frac{I_2}{I_1}$ $\quad I_2 = I_1 \cdot \frac{U_1}{U_2}$

$U_2 = U_1 \cdot \frac{I_1}{I_2}$ $\quad I_1 = I_2 \cdot \frac{U_2}{U_1}$

Widerstandsübersetzung:

$$\left(\frac{N_1}{N_2}\right)^2 = \frac{Z_1}{Z_2}$$

$N_1 = N_2 \cdot \sqrt{\frac{Z_1}{Z_2}}$ $\quad Z_1 = Z_2 \cdot \left(\frac{N_1}{N_2}\right)^2$

$N_2 = N_1 \cdot \sqrt{\frac{Z_2}{Z_1}}$ $\quad Z_2 = Z_1 \cdot \left(\frac{N_2}{N_1}\right)^2$

Diese Formeln gelten für einen idealen Transformator.

11.1.2 Transformatorenhauptgleichung

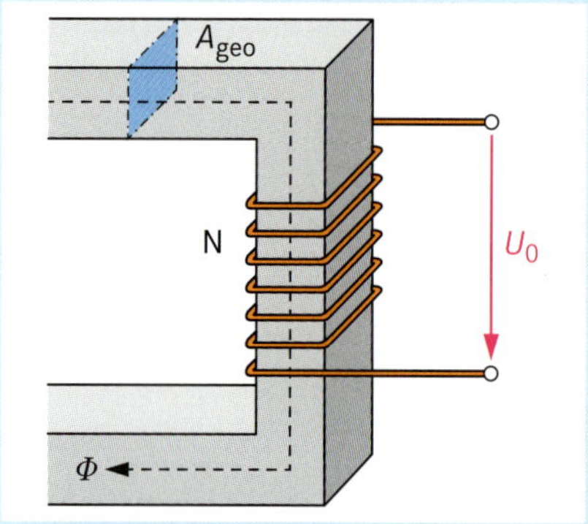

- U_0: Leerlaufspannung $[U_0] = \text{V}$
- f: Frequenz $[f] = \text{Hz}$
- N: Windungszahl
- $\hat{B}$: Scheitelwert der magnetischen Flussdichte $[\hat{B}] = 1\,\text{T} = 1\,\frac{\text{Vs}}{\text{m}^2}$
- $\hat{\Phi}$: Scheitelwert des magnetischen Flusses $[\hat{\Phi}] = 1\,\text{Wb} = 1\,\text{Vs}$
- A_{mag}: magnetischer Kernquerschnitt $[A_{mag}] = \text{m}^2$
- A_{geo}: geometrischer Kernquerschnitt $[A_{geo}] = \text{m}^2$
- η_{Fe}: Eisenfüllfaktor

Transformatorenhauptgleichung:

$$U_0 = 4{,}44 \cdot f \cdot N \cdot \hat{B} \cdot A_{mag}$$

$$f = \frac{U_0}{4{,}44 \cdot N \cdot \hat{B} \cdot A_{mag}} \qquad \hat{B} = \frac{U_0}{4{,}44 \cdot N \cdot f \cdot A_{mag}}$$

$$N = \frac{U_0}{4{,}44 \cdot f \cdot \hat{B} \cdot A_{mag}} \qquad A_{mag} = \frac{U_0}{4{,}44 \cdot f \cdot N \cdot \hat{B}}$$

Magnetischer Fluss:

$$\hat{\Phi} = \hat{B} \cdot A_{mag}$$

$$\hat{B} = \frac{\hat{\Phi}}{A_{mag}} \qquad A_{mag} = \frac{\hat{\Phi}}{\hat{B}}$$

Eisenfüllfaktor:

$$\eta_{Fe} = \frac{A_{mag}}{A_{geo}}$$

$$A_{mag} = \eta_{Fe} \cdot A_{geo} \qquad A_{geo} = \frac{A_{mag}}{\eta_{Fe}}$$

11.1.3 Kurzschlussspannung und Kurzschlussstrom

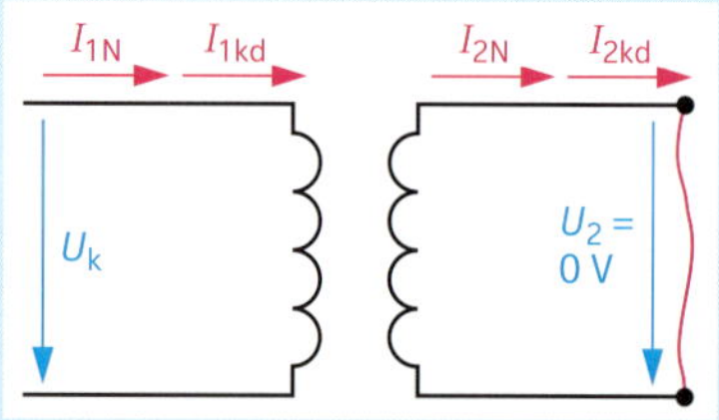

- u_k: relative Kurzschlussspannung in %
- U_k: absolute Kurzschlussspannung $[U_k] = \text{V}$
- U_{1N}: Nennspannung primärseitig $[U_{1N}] = \text{V}$
- I_{1N}: Nennstrom primärseitig $[I_{1N}] = \text{A}$
- I_{2N}: Nennstrom sekundärseitig

Dauerkurzschlussstrom:

- I_{1kd}: primärseitig $[I_{1kd}] = \text{A}$
- I_{2kd}: sekundärseitig $[I_{2kd}] = \text{A}$
- I_s: Stoßkurzschlussstrom $[I_s] = \text{A}$

Relative Kurzschlussspannung:

$$u_k = \frac{U_k}{U_{1N}} \cdot 100\,\%$$

$$U_k = \frac{u_k \cdot U_{1N}}{100\,\%} \qquad U_{1N} = \frac{U_k}{u_k} \cdot 100\,\%$$

Dauerkurzschlussstrom:

$$I_{kd} = \frac{U_{1N} \cdot I_{1N}}{U_k}$$

$$U_{1N} = \frac{I_{kd} \cdot U_k}{I_{1N}} \qquad I_{1N} = \frac{I_{kd} \cdot U_k}{U_{1N}} \qquad U_k = \frac{U_{1N} \cdot I_{1N}}{I_{kd}}$$

$$I_{1kd} = \frac{I_{1N}}{u_k} \cdot 100\,\%$$

$$I_{1N} = \frac{I_{1kd} \cdot u_k}{100\%} \qquad u_k = \frac{I_{1N}}{I_{1kd}} \cdot 100\,\%$$

$$I_{2kd} = \frac{I_{2N}}{u_k} \cdot 100\,\%$$

$$I_{2N} = \frac{I_{2kd} \cdot u_k}{100\%} \qquad u_k = \frac{I_{2N}}{I_{2kd}} \cdot 100\,\%$$

Stoßkurzschlussstrom:

$$I_s \leq 2{,}55 \cdot I_{kd}$$

$$I_{kd} \geq \frac{I_s}{2{,}55}$$

11.1.4 Spartransformator

S_1:	Eingangsleistung	$[S_1]$ = VA
S_D:	Durchgangsleistung (Bemessungsleistung)	$[S_D]$ = VA
S_B:	Bauleistung	$[S_B]$ = VA
U_1:	Eingangsspannung	$[U_1]$ = V
U_2:	Ausgangsspannung	$[U_2]$ = V
I_1:	aufgenommener Strom	$[I_1]$ = A
I_2:	abgegebener Strom	$[I_2]$ = A
$\cos\varphi_1$:	Wirkleistungsfaktor primärseitig	
$\cos\varphi_2$:	Wirkleistungsfaktor sekundärseitig	
N_1:	Windungszahl der Eingangsseite	
N_2:	Windungszahl der Ausgangsseite	
I_P:	Stromstärke in der Parallelwicklung	$[I_P]$ = A

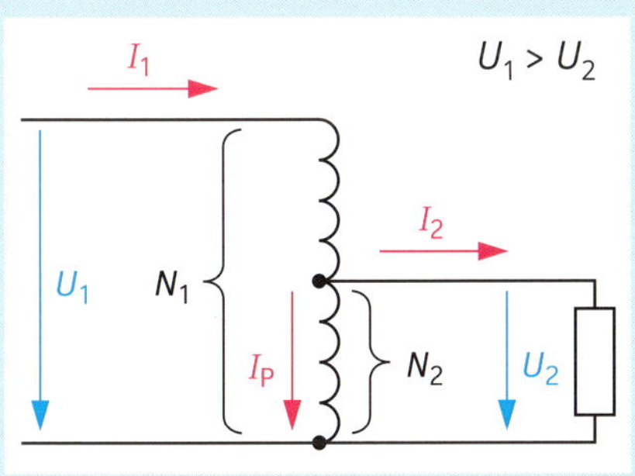

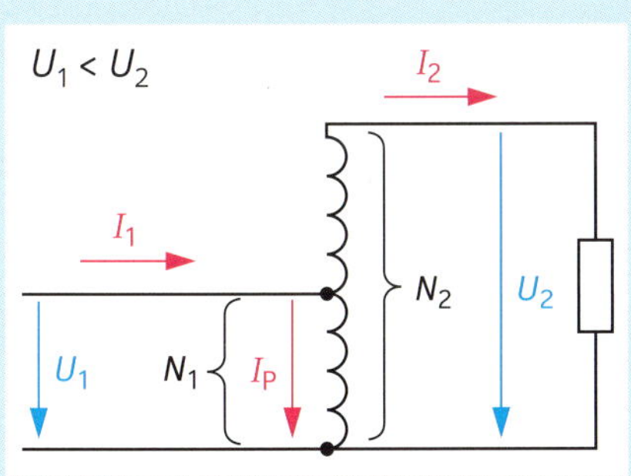

Leistung und Wirkungsgrad:

$$S_1 = U_1 \cdot I_1 \qquad U_1 = \frac{S_1}{I_1} \qquad I_1 = \frac{S_1}{U_1}$$

$$S_D = U_2 \cdot I_2 \qquad U_2 = \frac{S_D}{I_2} \qquad I_2 = \frac{S_D}{U_2}$$

$$\eta = \frac{S_D \cdot \cos\varphi_2}{S_1 \cdot \cos\varphi_1} \qquad S_D = \frac{\eta \cdot S_1 \cdot \cos\varphi_1}{\cos\varphi_2} \qquad S_1 = \frac{S_D \cdot \cos\varphi_2}{\eta \cdot \cos\varphi_1}$$

$$\cos\varphi_1 = \frac{S_D \cdot \cos\varphi_2}{S_1 \cdot \eta} \qquad \cos\varphi_2 = \frac{\eta \cdot S_1 \cdot \cos\varphi_1}{S_D}$$

$$\frac{U_1}{U_2} \approx \frac{N_1}{N_2} \qquad U_1 \approx \frac{U_2 \cdot N_1}{N_2} \qquad U_2 \approx \frac{U_1 \cdot N_2}{N_1} \qquad N_1 \approx \frac{U_1 \cdot N_2}{U_2} \qquad N_2 \approx \frac{U_2 \cdot N_1}{U_1}$$

für $U_1 > U_2$:

$$S_B = S_D \cdot \left(1 - \frac{U_2}{U_1}\right) \qquad U_2 = U_1 \cdot \left(1 - \frac{S_B}{S_D}\right)$$

$$S_D = \frac{S_B}{1 - \frac{U_2}{U_1}} \qquad U_1 = \frac{U_2}{1 - \frac{S_B}{S_D}}$$

$$I_P = I_1 - I_2 \qquad I_1 = I_P + I_2 \qquad I_2 = I_1 - I_P$$

für $U_1 < U_2$:

$$S_B = S_D \cdot \left(1 - \frac{U_1}{U_2}\right) \qquad U_1 = U_2 \cdot \left(1 - \frac{S_B}{S_D}\right)$$

$$S_D = \frac{S_B}{1 - \frac{U_1}{U_2}} \qquad U_2 = \frac{U_1}{1 - \frac{S_B}{S_D}}$$

$$I_P = I_1 - I_2 \qquad I_1 = I_P + I_2 \qquad I_2 = I_1 - I_P$$

11.1.5 Leistung und Wirkungsgrad

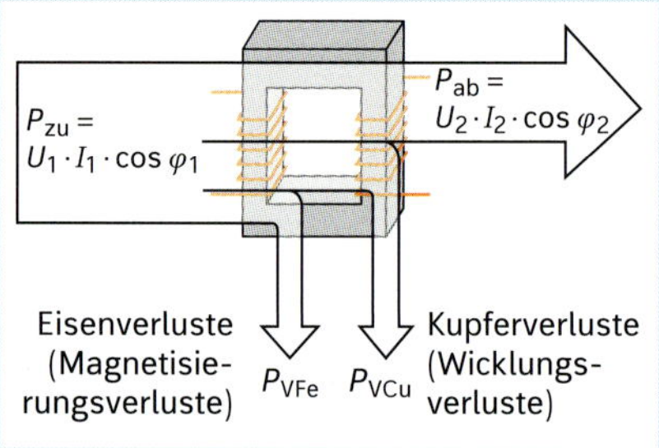

S_N: Scheinleistung (Bemessungsleistung) $[S_N] = VA$
P_{zu}: aufgenommene Wirkleistung $[P_{zu}] = W$
P_{ab}: abgegebene Wirkleistung $[P_{ab}] = W$
$\cos \varphi_1$: Wirkleistungsfaktor der Eingangsseite
$\cos \varphi_2$: Wirkleistungsfaktor der Ausgangsseite
U_1: Eingangsspannung $[U_1] = V$
U_2: Ausgangsspannung $[U_2] = V$
I_1: aufgenommener Strom $[I_1] = A$
I_2: abgegebener Strom $[I_2] = A$
P_{VCu}: Kupferverluste $[P_{VCu}] = W$
P_{VFe}: Eisenverluste $[P_{VFe}] = W$
R_1: Wirkwiderstand der Eingangswicklung $[R_1] = \Omega$
R_2: Wirkwiderstand der Ausgangswicklung $[R_2] = \Omega$

Leistung beim Einphasen-Transformator:

$$S_N = U_2 \cdot I_2 \qquad U_2 = \frac{S_N}{I_2} \qquad I_2 = \frac{S_N}{U_2}$$

$$P_{zu} = U_1 \cdot I_1 \cdot \cos \varphi_1$$

$$U_1 = \frac{P_{zu}}{I_1 \cdot \cos \varphi_1} \qquad I_1 = \frac{P_{zu}}{U_1 \cdot \cos \varphi_1} \qquad \cos \varphi_1 = \frac{P_{zu}}{U_1 \cdot I_1}$$

$$P_{ab} = U_2 \cdot I_2 \cdot \cos \varphi_2$$

$$U_2 = \frac{P_{ab}}{I_2 \cdot \cos \varphi_2} \qquad I_2 = \frac{P_{ab}}{U_2 \cdot \cos \varphi_2} \qquad \cos \varphi_2 = \frac{P_{ab}}{U_2 \cdot I_2}$$

Leistung beim Drehstrom-Transformator:

$$S_N = \sqrt{3} \cdot U_2 \cdot I_2 \qquad U_2 = \frac{S_N}{\sqrt{3} \cdot I_2} \qquad I_2 = \frac{S_N}{\sqrt{3} \cdot U_2}$$

$$P_{zu} = \sqrt{3} \cdot U_1 \cdot I_1 \cdot \cos \varphi_1 \qquad \cos \varphi_1 = \frac{P_{zu}}{\sqrt{3} \cdot I_1 \cdot U_1}$$

$$U_1 = \frac{P_{zu}}{\sqrt{3} \cdot I_1 \cdot \cos \varphi_1} \qquad I_1 = \frac{P_{zu}}{\sqrt{3} \cdot U_1 \cdot \cos \varphi_1}$$

$$P_{ab} = \sqrt{3} \cdot U_2 \cdot I_2 \cdot \cos \varphi_2 \qquad \cos \varphi_2 = \frac{P_{ab}}{\sqrt{3} \cdot I_2 \cdot U_2}$$

$$U_2 = \frac{P_{ab}}{\sqrt{3} \cdot I_2 \cdot \cos \varphi_2} \qquad I_2 = \frac{P_{ab}}{\sqrt{3} \cdot U_2 \cdot \cos \varphi_2}$$

Wirkungsgrad:

$$\eta = \frac{P_{ab}}{P_{zu}} \qquad P_{ab} = \eta \cdot P_{zu} \qquad P_{zu} = \frac{P_{ab}}{\eta}$$

$$\eta = \frac{P_{ab}}{P_{ab} + P_{VCu} + P_{VFe}} \qquad P_{ab} = \frac{\eta \cdot (P_{VCu} + P_{VFe})}{1 - \eta}$$

$$P_{VCu} = \frac{P_{ab} - \eta \cdot P_{ab} - \eta \cdot P_{VFe}}{\eta} \qquad P_{VFe} = \frac{P_{ab} - \eta \cdot P_{ab} - \eta \cdot P_{VCu}}{\eta}$$

Kupferverluste:

$$P_{VCu} = R_1 \cdot I_1^2 + R_2 \cdot I_2^2$$

$$R_1 = \frac{P_{VCu} - R_2 \cdot I_2^2}{I_1^2} \qquad R_2 = \frac{P_{VCu} - R_1 \cdot I_1^2}{I_2^2}$$

$$I_1 = \sqrt{\frac{P_{VCu} - R_2 \cdot I_2^2}{R_1}} \qquad I_2 = \sqrt{\frac{P_{VCu} - R_1 \cdot I_1^2}{R_2}}$$

11.1.6 Jahreswirkungsgrad von Transformatoren

n_J: Jahreswirkungsgrad
W_J: abgegebene Arbeit pro Jahr $[W_J] = \text{Wh}$
W_{VCu}: Wicklungsverlustarbeit pro Jahr $[W_{VCu}] = \text{Wh}$
W_{VFe}: Eisenverlustarbeit pro Jahr $[W_{VFe}] = \text{Wh}$
P_{ab}: abgegebene Wirkleistung $[P_2] = \text{W}$
P_{VCu}: Kupferverluste $[P_{VCu}] = \text{W}$
P_{VFe}: Eisenverluste $[P_{VFe}] = \text{W}$
t_E: Einschaltdauer $[t_E] = \text{h}$
t_B: Belastungsdauer $[t_B] = \text{h}$

$$\eta_J = \frac{W_J}{W_J + W_{VCu} + W_{VFe}}$$

$$W_J = \frac{\eta_J \cdot (W_{VCu} + W_{VFe})}{1 - \eta_J} \qquad W_{VCu} = \frac{W_J - \eta_J \cdot (W_J + W_{VFe})}{\eta_J}$$

$$W_{VFe} = \frac{W_J - \eta_J \cdot (W_J + W_{VCu})}{\eta_J}$$

$$\eta_J = \frac{P_{ab} \cdot t_B}{P_{ab} \cdot t_B + P_{VCu} \cdot t_B + P_{VFe} \cdot t_E}$$

$$P_{ab} = \frac{\eta_J \cdot (P_{VCu} \cdot t_B + P_{VFe} \cdot t_E)}{t_B \cdot (1 - \eta_J)} \qquad P_{ab} = \frac{W_j}{t_B}$$

$$P_{VCu} = \frac{P_{ab} \cdot t_B - \eta_J \cdot (P_{ab} \cdot t_B + P_{VFe} \cdot t_E)}{\eta_J \cdot t_B} \qquad P_{VCu} = \frac{W_{VCu}}{t_B}$$

$$P_{VFe} = \frac{P_{ab} \cdot t_B - \eta_J \cdot (P_{ab} \cdot t_B + P_{VCu} \cdot t_B)}{\eta_J \cdot t_E} \qquad P_{VFe} = \frac{W_{VFe}}{t_E}$$

$$t_B = \frac{\eta \cdot P_{VFe} \cdot t_E}{P_{ab} - \eta_J \cdot P_{ab} - \eta_J \cdot P_{VCu}}$$

$$t_E = \frac{P_{ab} \cdot t_B - \eta_J \cdot (P_{ab} \cdot t_B + P_{VCu} \cdot t_B)}{\eta_J \cdot P_{VFe}}$$

11.1.7 Parallelschaltung von zwei Transformatoren

S_1, S_2: Belastung der einzelnen Transformatoren $[S_n] = \text{VA}$
S_{N1}, S_{N2}: Bemessungsleistungen der einzelnen Transformatoren $[S_{Nn}] = \text{VA}$
$\sum S_N$: Summe aller Bemessungsleistungen $[S_N] = \text{VA}$
$\sum S$: Summe aller Verbraucherleistungen $[S] = \text{VA}$
u_k: resultierende relative Kurzschlussspannung
u_{k1}, u_{k2}: relative Kurzschlussspannung der einzelnen Transformatoren

Lastverteilung bei gleichen Kurzschlussspannungen:

$$S_1 = \sum S \cdot \frac{S_{N1}}{\Sigma S_N} \qquad S_2 = \sum S \cdot \frac{S_{N2}}{\Sigma S_N}$$

Resultierende relative Kurzschlussspannung:

$$u_k = \frac{\Sigma S_N}{\frac{S_{N1}}{u_{k1}} + \frac{S_{N2}}{u_{k2}}}$$

Lastverteilung bei ungleichen Kurzschlussspannungen:

$$S_1 = S_{N1} \cdot \frac{u_k}{u_{k1}} \cdot \frac{\Sigma S}{\Sigma S_N} \qquad S_2 = S_{N2} \cdot \frac{u_k}{u_{k2}} \cdot \frac{\Sigma S}{\Sigma S_N}$$

11.1.8 Schaltgruppen von Drehstromtransformatoren

Kennzahl	Schaltgruppe	Übersetzungsverhältnis $\frac{U_1}{U_2}$	Zeigerbild Oberspannungsseite	Zeigerbild Unterspannungsseite	Schaltungsbild Oberspannungsseite	Schaltungsbild Unterspannungsseite
0	Yy0	$\frac{N_1}{N_2}$				
	Dd0	$\frac{N_1}{N_2}$				
	Dz0	$\frac{2 \cdot N_1}{3 \cdot N_2}$				
5	Yd5	$\frac{\sqrt{3} \cdot N_1}{N_2}$				
	Yz5	$\frac{2 \cdot N_1}{\sqrt{3} \cdot N_2}$				
	Dy5	$\frac{N_1}{\sqrt{3} \cdot N_2}$				
6	Yy6	$\frac{N_1}{N_2}$				
	Dd6	$\frac{N_1}{N_2}$				
	Dz6	$\frac{2 \cdot N_1}{3 \cdot N_2}$				
11	Yd11	$\frac{\sqrt{3} \cdot N_1}{N_2}$				
	Dy11	$\frac{N_1}{\sqrt{3} \cdot N_2}$				

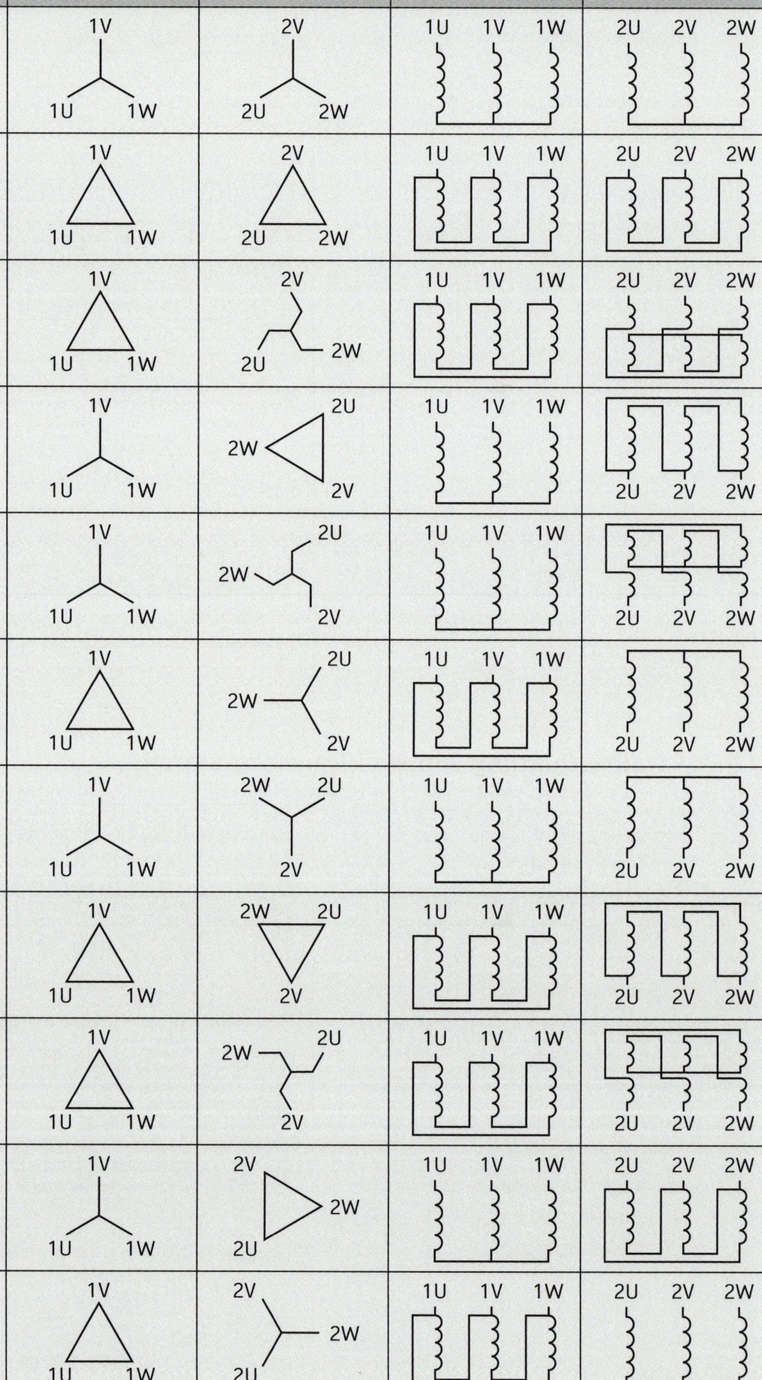

11.2 Antriebstechnik

11.2.1 Drehmoment und Mechanische Leistung

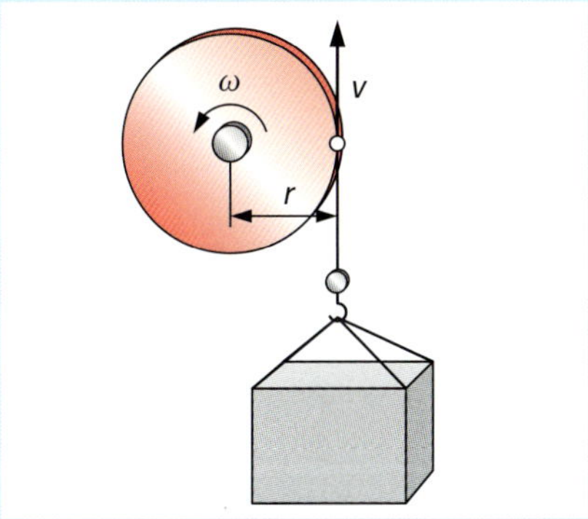

ω: Winkelgeschwindigkeit $[\omega] = \frac{1}{s}$
n: Umdrehungsfrequenz $[n] = \frac{1}{s}$
T: Periodendauer (Dauer einer Umdrehung) $[T] = s$
v: Umfangsgeschwindigkeit $[v] = \frac{m}{s}$
r: Radius $[r] = m$

Winkelgeschwindigkeit:

$$\omega = 2 \cdot \pi \cdot n \qquad n = \frac{\omega}{2 \cdot \pi}$$

$$\omega = \frac{2 \cdot \pi}{T} \qquad T = \frac{2 \cdot \pi}{\omega}$$

Umfangsgeschwindigkeit:

$$v = 2 \cdot \pi \cdot n \cdot r \qquad n = \frac{v}{2 \cdot \pi \cdot r} \qquad r = \frac{v}{2 \cdot \pi \cdot n}$$

$$v = \omega \cdot r \qquad \omega = \frac{v}{r} \qquad r = \frac{v}{\omega}$$

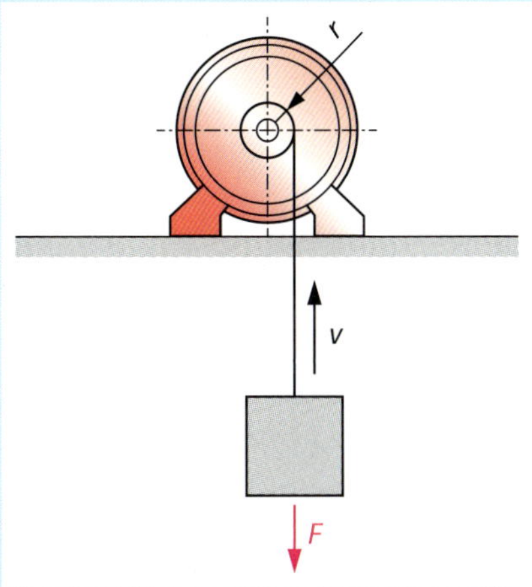

M: Drehmoment $[M] = Nm$
F: Kraft $[F] = N$
r: Radius (Hebelarm) $[r] = m$
v: Umfangsgeschwindigkeit $[v] = \frac{m}{s}$
P: Mechanische Leistung $[P] = W$
n: Umdrehungsfrequenz $[n] = \frac{1}{s}$

Drehmoment:

$$M = F \cdot r \qquad F = \frac{M}{r} \qquad r = \frac{M}{F}$$

Mechanische Leistung:

$$P = F \cdot v \qquad F = \frac{P}{v} \qquad v = \frac{P}{F}$$

$$P = M \cdot \omega \qquad M = \frac{P}{\omega} \qquad \omega = \frac{P}{M}$$

$$P = 2 \cdot \pi \cdot n \cdot M \qquad n = \frac{P}{2 \cdot \pi \cdot M} \qquad M = \frac{P}{2 \cdot \pi \cdot n}$$

mit **P in kW** und **n in $\frac{1}{\text{min}}$** gilt:

$$P = \frac{M \cdot n}{9549} \qquad M = \frac{P \cdot 9549}{n} \qquad n = \frac{P \cdot 9549}{M}$$

11.2.2 Riementrieb

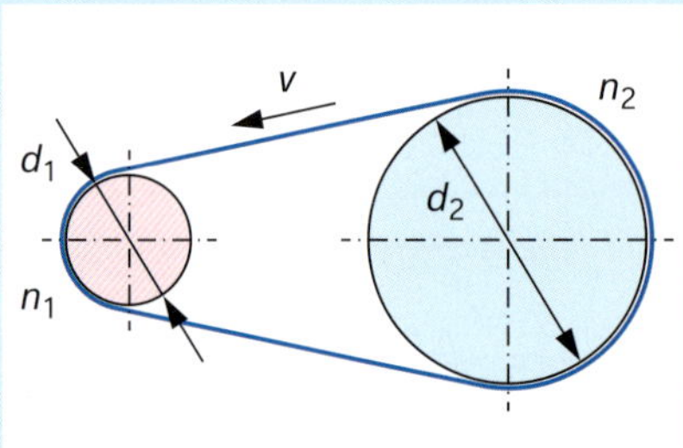

i: Übersetzungsverhältnis
d: Durchmesser der Riemenscheibe $[d] = \text{m}$
n: Umdrehungsfrequenz der Riemenscheibe $[n] = \frac{1}{\text{s}}$

Übersetzungsverhältnis:

$$i = \frac{n_1}{n_2} \qquad n_1 = i \cdot n_2 \qquad n_2 = \frac{n_1}{i}$$

$$i = \frac{d_2}{d_1} \qquad d_2 = i \cdot d_1 \qquad d_1 = \frac{d_2}{i}$$

Einfache Übersetzung:

$$\frac{d_1}{d_2} = \frac{n_2}{n_1}$$

$$d_1 = \frac{d_2 \cdot n_2}{n_1} \qquad n_2 = \frac{n_1 \cdot d_1}{d_2}$$

$$d_2 = \frac{d_1 \cdot n_1}{n_2} \qquad n_1 = \frac{d_2 \cdot n_2}{d_1}$$

11.2.3 Zahnradtrieb und Schneckentrieb

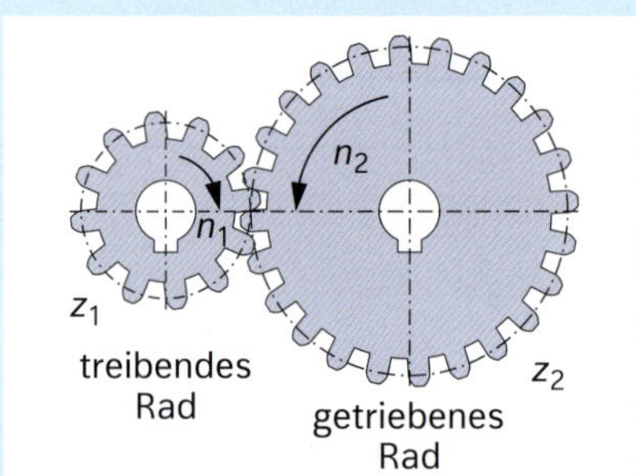

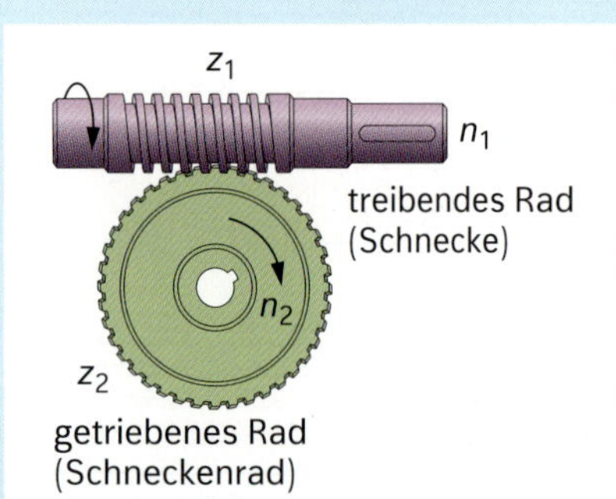

i: Übersetzungsverhältnis
z: Zähnezahl / Gangzahl
n: Umdrehungsfrequenz $[n] = \frac{1}{\text{s}}$
M: Drehmoment $[M] = \text{Nm}$

Übersetzungsverhältnis:

$$i = \frac{n_1}{n_2} \qquad n_1 = i \cdot n_2 \qquad n_2 = \frac{n_1}{i}$$

$$i = \frac{z_2}{z_1} \qquad z_2 = i \cdot z_1 \qquad z_1 = \frac{z_2}{i}$$

Einfache Übersetzung:

$$\frac{z_1}{z_2} = \frac{n_2}{n_1}$$

$$z_1 = \frac{z_2 \cdot n_2}{n_1} \qquad n_2 = \frac{n_1 \cdot z_1}{z_2}$$

$$z_2 = \frac{z_1 \cdot n_1}{n_2} \qquad n_1 = \frac{z_2 \cdot n_2}{z_1}$$

Drehmoment:

$$i = \frac{M_2}{M_1} \qquad M_2 = i \cdot M_1 \qquad M_1 = \frac{M_2}{i}$$

$$\frac{n_1}{n_2} = \frac{M_2}{M_1}$$

$$n_1 = \frac{n_2 \cdot M_2}{M_1} \qquad M_2 = \frac{n_1 \cdot M_1}{n_2}$$

$$n_2 = \frac{n_1 \cdot M_1}{M_2} \qquad M_1 = \frac{n_2 \cdot M_2}{n_1}$$

11.3 Drehstrommaschinen

11.3.1 Drehstromasynchronmotor an 3 ~

Drehstrommotor

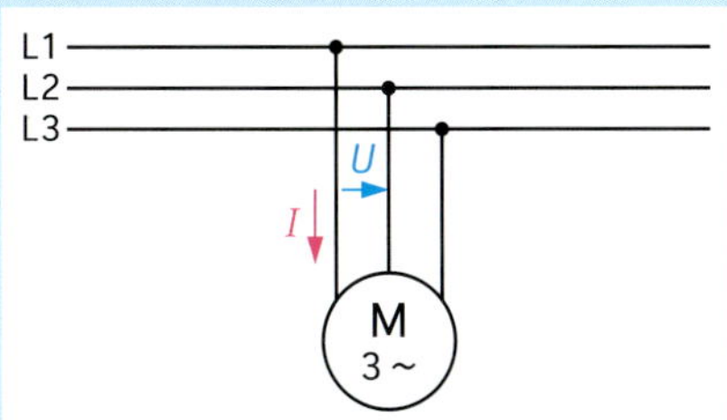

n_f: Drehfeldfrequenz $[n_f] = \frac{1}{s}$
n: Umdrehungsfrequenz des Motors $[n] = \frac{1}{s}$
p: Polpaarzahl der Motorwicklung
f: Netzfrequenz $[f] = \text{Hz}$
$s_\%$: Schlupf in %
P_{zu}: aufgenommene Leistung (elektrisch) $[P_{zu}] = \text{W}$
P_{ab}: abgegebene Leistung (mechanisch) $[P_{ab}] = \text{W}$
U: Leiterspannung $[U] = \text{V}$
I: Leiterstromstärke $[I] = \text{A}$
M: Drehmoment $[M] = \text{Nm}$
η: Wirkungsgrad

Umdrehungsfrequenz und Schlupf:

$$n_f = \frac{f}{p}$$

$$f = p \cdot n_f \qquad p = \frac{f}{n_f}$$

$$s_\% = \frac{n_f - n}{n_f} \cdot 100\,\%$$

$$n_f = \frac{n}{1 - \frac{s_\%}{100\,\%}}$$

$$n = n_f - \frac{s_\% \cdot n_f}{100\,\%}$$

Leistung:

$$P_{zu} = \sqrt{3} \cdot U \cdot I \cdot \cos\varphi$$

$$\cos\varphi = \frac{P_{zu}}{\sqrt{3} \cdot I \cdot U}$$

$$U = \frac{P_{zu}}{\sqrt{3} \cdot I \cdot \cos\varphi} \qquad I = \frac{P_{zu}}{\sqrt{3} \cdot U \cdot \cos\varphi}$$

$$P_{ab} = 2 \cdot \pi \cdot n \cdot M$$

$$n = \frac{P_{ab}}{2 \cdot \pi \cdot M} \qquad M = \frac{P_{ab}}{2 \cdot \pi \cdot n}$$

mit **P in kW** und **n in $\frac{1}{\text{min}}$** gilt:

$$P_{ab} = \frac{M \cdot n}{9549}$$

Wirkungsgrad:

$$\eta = \frac{P_{ab}}{P_{zu}}$$

$$P_{ab} = \eta \cdot P_{zu} \qquad P_{zu} = \frac{P_{ab}}{\eta}$$

11.3.2 Drehstrom-Asynchronmotor an 1~AC

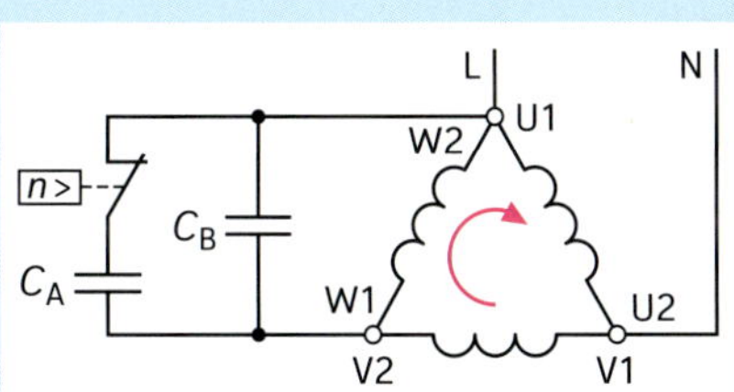

Steinmetzschaltung für Rechtslauf

C_B: Kapazität des Betriebskondensators $[C_B] = \text{F}$
P_{ab}: abgegebene Leistung (mechanisch) $[P_{ab}] = \text{W}$
f: Frequenz $[f] = \text{Hz}$
U: Bemessungsspannung $[U] = \text{V}$
C_A: Kapazität des Anlaufkondensators $[C_A] = \text{F}$

Betriebskondensator:

$$C_B = \frac{P_{ab}}{\sqrt{3} \cdot \pi \cdot f \cdot U^2}$$

$$P_{ab} = C_B \cdot \sqrt{3} \cdot \pi \cdot f \cdot U^2$$

$$f = \frac{P_{ab}}{\sqrt{3} \cdot \pi \cdot C_B \cdot U^2} \qquad U = \sqrt{\frac{P_{ab}}{\sqrt{3} \cdot \pi \cdot f \cdot C_B}}$$

Anlaufkondensator:

$$C_A = 2 \cdot C_B$$

$$C_B = \frac{C_A}{2}$$

11.3.3 Drehstromsynchronmotor

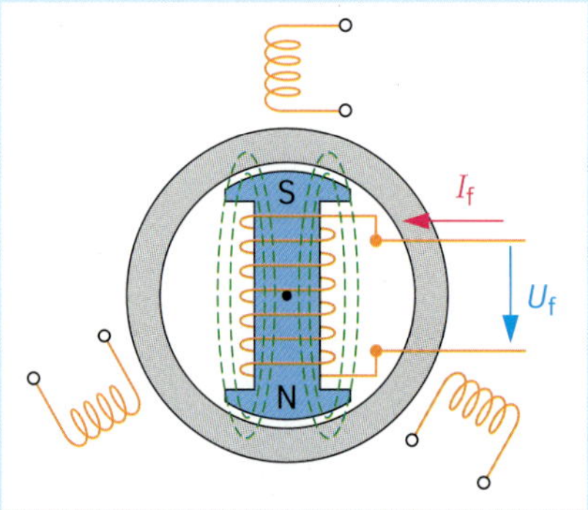

n_s:	Drehfelddrehfrequenz (synchron)	$[n_s] = \frac{1}{s}$
f:	Netzfrequenz	$[f] = Hz$
P_{zu}:	zugeführte Leistung (elektrisch)	$[P_{zu}] = W$
U:	Leiterspannung	$[U] = V$
I:	Leiterstromstärke	$[I] = A$
$\cos\varphi$:	Wirkleistungsfaktor	
P_f:	Erregerfeldleistung	$[P_f] = W$
U_f:	Erregerspannung	$[U_f] = V$
I_f:	Erregerstromstärke	$[I_f] = A$
P_{ab}:	abgegebene Leistung (mechanisch)	$[P_{ab}] = W$
η:	Wirkungsgrad	
M:	Drehmoment	$[M] = Nm$
F:	Kraft auf den Läufer	$[F] = N$
ϑ:	mech. Lastwinkel (Polradwinkel)	
B:	mag. Flussdichte	$[B] = T$
l:	wirksame Leiterlänge	$[l] = m$
N_L:	Windungszahl der Läuferwicklung	

Umdrehungsfrequenz:

$$n_s = \frac{f}{p}$$

$$f = p \cdot n_s \qquad p = \frac{f}{n_s}$$

Leistung:

$$P_{zu} = \sqrt{3} \cdot U \cdot I \cdot \cos\varphi$$

$$U = \frac{P_{zu}}{\sqrt{3} \cdot I \cdot \cos\varphi} \qquad I = \frac{P_{zu}}{\sqrt{3} \cdot U \cdot \cos\varphi} \qquad \cos\varphi = \frac{P_{zu}}{\sqrt{3} \cdot I \cdot U}$$

$$P_f = U_f \cdot I_f$$

$$U_f = \frac{P_f}{I_f} \qquad I_f = \frac{P_f}{U_f}$$

$$P_{ab} = 2 \cdot \pi \cdot n_s \cdot M$$

$$n_s = \frac{P_{ab}}{2 \cdot \pi \cdot M}$$

$$M = \frac{P_{ab}}{2 \cdot \pi \cdot n_s}$$

Wirkungsgrad:

$$\eta = \frac{P_{ab}}{P_{zu} + P_f}$$

$$P_{ab} = \eta \cdot (P_{zu} + P_f)$$

$$P_{zu} = \frac{P_{ab}}{\eta} - P_f$$

$$P_f = \frac{P_{ab}}{\eta} - P_{zu}$$

Drehmoment und Kraft:

$$M = 2 \cdot r \cdot F \cdot \sin(\cdot\vartheta)$$

$$r = \frac{M}{2 \cdot F \cdot \sin(p \cdot \vartheta)} \qquad F = \frac{M}{2 \cdot r \cdot \sin(p \cdot \vartheta)}$$

$$\vartheta = \sin^{-1}\left(\frac{M}{2 \cdot r \cdot F}\right)$$

$$F = B \cdot l \cdot I_f \cdot N_L$$

$$N_L = \frac{F}{B \cdot l \cdot I_f}$$

$$B = \frac{F}{l \cdot I_f \cdot N_L} \qquad l = \frac{F}{B \cdot I_f \cdot N_L} \qquad I_f = \frac{F}{B \cdot l \cdot N_L}$$

11.3.4 Drehstromsynchrongenerator

U_{0St}:	Leerlaufstrangspannung	$[U_{0St}] = \mathrm{V}$
B:	mag. Flussdichte	$[B] = \mathrm{T}$
l:	wirksame Leiterlänge	$[l] = \mathrm{m}$
v:	Umfangsgeschwindigkeit	$[v] = \frac{\mathrm{m}}{\mathrm{s}}$
N_S:	Windungszahl einer Ständerwicklung	
r:	Läuferradius	$[r] = \mathrm{m}$
f:	Frequenz der Ausgangsspannung	$[f] = \mathrm{Hz}$
n_s:	Läuferdrehfrequenz (synchron)	$[n_s] = \frac{1}{\mathrm{s}}$
p:	Polpaarzahl	
P_{zu}:	aufgenommene Leistung (mechanisch)	$[P_{zu}] = \mathrm{W}$
M:	Drehmoment	$[M] = \mathrm{Nm}$
P_f:	Erregerfeldleistung	$[P_f] = \mathrm{W}$
U_f:	Erregerspannung	$[U_f] = \mathrm{V}$
I_f:	Erregerstromstärke	$[I_f] = \mathrm{A}$
P_{ab}:	abgegebene Leistung (elektrisch)	$[P_{ab}] = \mathrm{W}$
U:	Leiterspannung	$[U] = \mathrm{V}$
I:	Leiterstromstärke	$[I] = \mathrm{A}$
$\cos\varphi$:	Wirkleistungsfaktor	
η:	Wirkungsgrad	

Ausgangsspannung:

$$U_{0St} = 2 \cdot B \cdot l \cdot v \cdot N_S \qquad N_S = \frac{U_{0St}}{2 \cdot B \cdot l \cdot v}$$

$$B = \frac{U_{0St}}{2 \cdot l \cdot v \cdot N_S} \qquad l = \frac{U_{0St}}{2 \cdot B \cdot v \cdot N_S} \qquad v = \frac{U_{0St}}{2 \cdot B \cdot l \cdot N_S}$$

$$v = 2 \cdot \pi \cdot r \cdot n_s \qquad r = \frac{v}{2 \cdot \pi \cdot n_s} \qquad n_s = \frac{v}{2 \cdot \pi \cdot r}$$

$$f = p \cdot n_s \qquad p = \frac{f}{n_s} \qquad n_s = \frac{f}{p}$$

Leistung:

$$P_{zu} = 2 \cdot \pi \cdot n_s \cdot M \qquad n_s = \frac{P_{zu}}{2 \cdot \pi \cdot M} \qquad M = \frac{P_{zu}}{2 \cdot \pi \cdot n_s}$$

$$P_f = U_f \cdot I_f \qquad U_f = \frac{P_f}{I_f} \qquad I_f = \frac{P_f}{U_f}$$

$$P_{ab} = \sqrt{3} \cdot U \cdot I \cdot \cos\varphi \qquad \cos\varphi = \frac{P_{ab}}{\sqrt{3} \cdot I \cdot U}$$

$$U = \frac{P_{ab}}{\sqrt{3} \cdot I \cdot \cos\varphi} \qquad I = \frac{P_{ab}}{\sqrt{3} \cdot U \cdot \cos\varphi}$$

Wirkungsgrad:

$$\eta = \frac{P_{ab}}{P_{zu} + P_f} \qquad P_{ab} = \eta \cdot (P_{zu} + P_f)$$

$$P_{zu} = \frac{P_{ab}}{\eta} - P_f \qquad P_f = \frac{P_{ab}}{\eta} - P_{zu}$$

11.4 Gleichstrommaschinen

11.4.1 Leistung und Wirkungsgrad bei Gleichstrommotoren

P_{zu}:	aufgenommene Leistung (elektrisch)	$[P_{zu}] = \mathrm{W}$
P_{ab}:	abgegebene Leistung (mechanisch)	$[P_{ab}] = \mathrm{W}$
n:	Läuferdrehfrequenz	$[n] = \frac{1}{\mathrm{s}}$
M:	Drehmoment	$[M] = \mathrm{Nm}$
U:	Bemessungsspannung	$[U] = \mathrm{V}$
I:	Bemessungsstrom	$[I] = \mathrm{A}$
η:	Wirkungsgrad	

Leistungen:

$$P_{ab} = 2 \cdot \pi \cdot n \cdot M \qquad n = \frac{P_{ab}}{2 \cdot \pi \cdot M} \qquad M = \frac{P_{ab}}{2 \cdot \pi \cdot n}$$

$$P_{zu} = U \cdot I \qquad U = \frac{P_{zu}}{I} \qquad I = \frac{P_{zu}}{U}$$

Wirkungsgrad:

$$\eta = \frac{P_{ab}}{P_{zu}} \qquad P_{ab} = \eta \cdot P_{zu} \qquad P_{zu} = \frac{P_{ab}}{\eta}$$

11.4.2 Fremderregter Gleichstrommotor

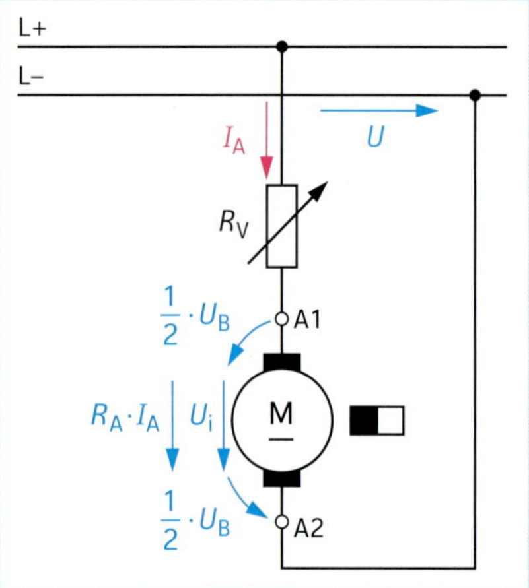

U:	Bemessungsspannung	$[U]$	= V
U_i:	induzierte Gegenspannung	$[U_i]$	= V
U_B:	Bürstenspannung	$[U_B]$	= V
I_A:	Ankerstromstärke	$[I_A]$	= A
I_2:	Einschaltstromstärke	$[I_2]$	= A
R_A:	Widerstand der Ankerwicklung	$[R_A]$	= Ω
R_{WP}:	Widerstand der Wendepolwicklung	$[R_{WP}]$	= Ω
R_K:	Widerstand der Kompensationswicklung	$[R_K]$	= Ω
R_V:	Anlasswiderstand	$[R_V]$	= Ω

Betriebsfall:

$$U = U_i + U_B + I_A \cdot R_A$$

$$U_i = U - U_B - I_A \cdot R_A \qquad I_A = \frac{U - U_i - U_B}{R_A}$$

$$U_B = U - U_i - I_A \cdot R_A \qquad R_A = \frac{U - U_i - U_B}{I_A}$$

mit Wendepol- und Kompensationswicklung:

$$U = U_i + U_B + I_A \cdot (R_A + R_{WP} + R_K)$$

$$U_i = U - U_B - I_A \cdot (R_A + R_{WP} + R_k)$$

$$U_B = U - U_i - I_A \cdot (R_A + R_{WP} + R_k)$$

$$I_A = \frac{U - U_i - U_B}{R_A + R_{WP} + R_k} \qquad R_A = \frac{U - U_i - U_B}{I_A} - R_{WP} - R_K$$

Anlasswiderstand (Vorwiderstand):

$$R_V = \frac{U - U_B}{I_2} - R_A$$

$$U = I_2 \cdot (R_V + R_A) + U_B \qquad U_B = U - I_2 \cdot (R_V + R_A)$$

$$I_2 = \frac{U - U_B}{R_V + R_A} \qquad R_A = \frac{U - U_B}{I_2} - R_V$$

mit Wendepol- und Kompensationswicklung:

$$R_V = \frac{U - U_B}{I_2} - R_A - R_{WP} - R_K$$

$$U = I_2 \cdot (R_V + R_A + R_{WP} + R_K) + U_B$$

$$U_B = U - I_2 \cdot (R_V + R_A + R_{WP} + R_K)$$

$$I_2 = \frac{U - U_B}{R_V + R_A + R_{WP} + R_K}$$

$$R_A = \frac{U - U_B}{I_2} - R_V - R_{WP} - R_K$$

11.4.3 Gleichstrom-Reihenschlussmotor

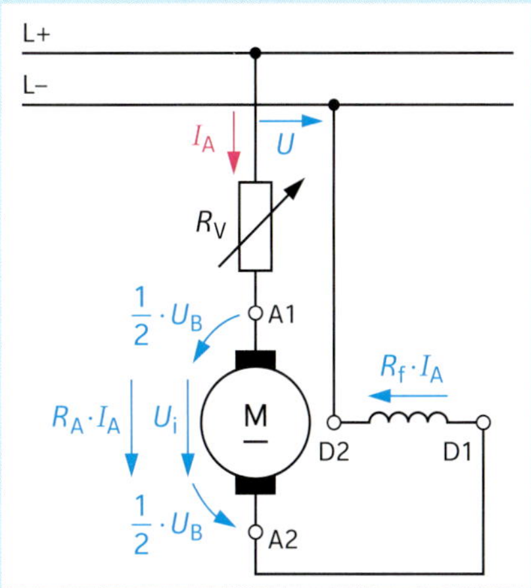

U:	Bemessungsspannung	$[U]$	= V
U_i:	induzierte Gegenspannung	$[U_i]$	= V
U_B:	Bürstenspannung	$[U_B]$	= V
I_A:	Ankerstromstärke	$[I_A]$	= A
I_2:	Einschaltstromstärke	$[I_2]$	= A
R_A:	Widerstand der Ankerwicklung	$[R_A]$	= Ω
R_f:	Widerstand der Erregerwicklung	$[R_f]$	= Ω
R_{WP}:	Widerstand der Wendepolwicklung	$[R_{WP}]$	= Ω
R_K:	Widerstand der Kompensationswicklung	$[R_K]$	= Ω
R_V:	Anlasswiderstand	$[R_V]$	= Ω

Betriebsfall:

$$U = U_i + U_B + I_A\cdot(R_A + R_f)$$

$$U_i = U - U_B - I_A\cdot(R_A + R_f) \qquad I_A = \frac{U - U_i - U_B}{(R_A + R_f)}$$

$$U_B = U - U_i - I_A\cdot(R_A + R_f) \qquad R_A = \frac{U - U_i - U_B}{I_A} - R_f$$

$$R_f = \frac{U - U_i - U_B}{I_A} - R_A$$

mit Wendepol- und Kompensationswicklung:

$$U = U_i + U_B + I_A\cdot(R_A + R_f + R_{WP} + R_K)$$

$$U_i = U - U_B - I_A\cdot(R_A + R_f + R_{WP} + R_k)$$

$$U_B = U - U_i - I_A\cdot(R_A + R_f + R_{WP} + R_k)$$

$$I_A = \frac{U - U_i - U_B}{R_A + R_f + R_{WP} + R_k} \qquad R_A = \frac{U - U_i - U_B}{I_A} - R_f - R_{WP} - R_K$$

$$R_f = \frac{U - U_i - U_B}{I_A} - R_A - R_{WP} - R_K$$

Anlasswiderstand (Vorwiderstand):

$$R_V = \frac{U - U_B}{I_2} - R_A - R_f$$

$$U = I_2\cdot(R_V + R_A + R_f) + U_B \qquad U_B = U - I_2\cdot(R_V + R_A + R_f)$$

$$I_2 = \frac{U - U_B}{R_V + R_A + R_f} \qquad R_A = \frac{U - U_B}{I_2} - R_V - R_f$$

$$R_f = \frac{U - U_B}{I_2} - R_A - R_V$$

mit Wendepol- und Kompensationswicklung:

$$R_V = \frac{U - U_B}{I_2} - R_A - R_f - R_{WP} - R_K$$

$$U = I_2\cdot(R_V + R_A + R_f + R_{WP} + R_K) + U_B$$

$$U_B = U - I_2\cdot(R_V + R_A + R_f + R_{WP} + R_K)$$

$$I_2 = \frac{U - U_B}{R_V + R_A + R_f + R_{WP} + R_K}$$

$$R_A = \frac{U - U_B}{I_2} - R_V - R_f - R_{WP} - R_K$$

$$R_f = \frac{U - U_B}{I_2} - R_V - R_A - R_{WP} - R_K$$

11.4.4 Gleichstrom-Nebenschlussmotor

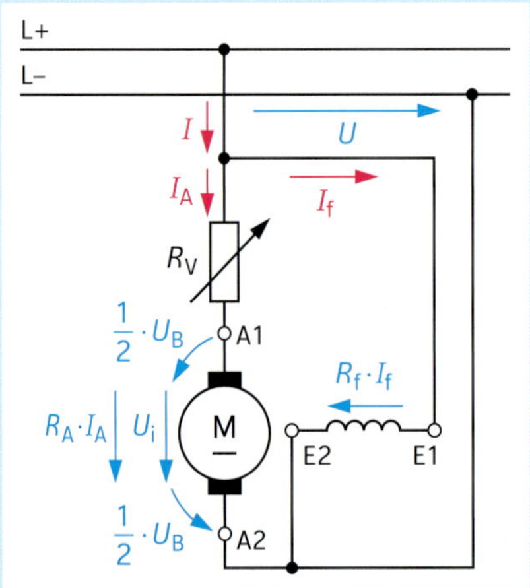

U:	Bemessungsspannung	$[U]$	= V
U_i:	induzierte Gegenspannung	$[U_i]$	= V
U_B:	Bürstenspannung	$[U_B]$	= V
I_A:	Ankerstromstärke	$[I_A]$	= A
I_f:	Erregerstromstärke	$[I_f]$	= A
I_2:	Einschaltstromstärke	$[I_2]$	= A
R_A:	Widerstand der Ankerwicklung	$[R_A]$	= Ω
R_f:	Widerstand der Erregerwicklung	$[R_f]$	= Ω
R_{WP}:	Widerstand der Wendepolwicklung	$[R_{WP}]$	= Ω
R_K:	Widerstand der Kompensationswicklung	$[R_K]$	= Ω
R_V:	Anlasswiderstand	$[R_V]$	= Ω

Betriebsfall:

$$I = I_A + I_f$$

$I_A = I - I_f$ $\quad I_f = I - I_A$

$$U = I_f \cdot R_f$$

$I_f = \frac{U}{R_f}$ $\quad R_f = \frac{U}{I_f}$

$$U = U_i + U_B + I_A \cdot R_A$$

$U_i = U - U_B - I_A \cdot R_A$ $\quad U_B = U - U_i - I_A \cdot R_A$

$I_A = \frac{U - U_i - U_B}{R_A}$ $\quad R_A = \frac{U - U_i - U_B}{I_A}$

mit Wendepol- und Kompensationswicklung:

$$U = U_i + U_B + I_A \cdot (R_A + R_{WP} + R_K)$$

$U_i = U - U_B - I_A \cdot (R_A + R_{WP} + R_k)$

$U_B = U - U_i - I_A \cdot (R_A + R_{WP} + R_k)$

$I_A = \frac{U - U_i - U_B}{R_A + R_{WP} + R_k}$ $\quad R_A = \frac{U - U_i - U_B}{I_A} - R_{WP} - R_K$

Anlasswiderstand (Vorwiderstand):

$$R_V = \frac{U - U_B}{I_2 - I_f} - R_A$$

$U = (I_2 - I_f) \cdot (R_V + R_A) + U_B$ $\quad R_A = \frac{U - U_B}{I_2 - I_f} - R_V$

$U_B = U - (I_2 - I_f) \cdot (R_V + R_A)$

$I_2 = \frac{U - U_B}{R_V + R_A} + I_f$ $\quad I_f = I_2 - \frac{U - U_B}{R_V + R_A}$

mit Wendepol- und Kompensationswicklung:

$$R_V = \frac{U - U_B}{I_2 - I_f} - R_A - R_{WP} - R_K$$

$U = (I_2 - I_f) \cdot (R_V + R_A + R_{WP} + R_K) + U_B$

$U_B = U - (I_2 - I_f) \cdot (R_V + R_A + R_{WP} + R_K)$

$I_2 = \frac{U - U_B}{R_V + R_A + R_{WP} + R_K} + I_f$ $\quad R_A = \frac{U - U_B}{I_2 - I_f} - R_V - R_{WP} - R_K$

$I_f = I_2 - \frac{U - U_B}{R_V + R_A + R_{WP} + R_K}$

11.4.5 Leistung und Wirkungsgrad bei Gleichstromgeneratoren

P_{zu}:	aufgenommene Leistung (mechanisch)	$[P_{zu}] = W$
P_{ab}:	abgegebene Leistung (elektrisch)	$[P_{ab}] = W$
n:	Läuferdrehfrequenz	$[n] = \frac{1}{s}$
M:	Drehmoment	$[M] = Nm$
U:	Bemessungsspannung	$[U] = V$
I:	Bemessungsstromstärke	$[I] = A$
η:	Wirkungsgrad	

Leistungen:

$$P_{zu} = 2 \cdot \pi \cdot n \cdot M \qquad n = \frac{P_{zu}}{2 \cdot \pi \cdot M} \qquad M = \frac{P_{zu}}{2 \cdot \pi \cdot n}$$

$$P_{ab} = U \cdot I \qquad U = \frac{P_{ab}}{I} \qquad I = \frac{P_{ab}}{U}$$

Wirkungsgrad:

$$\eta = \frac{P_{ab}}{P_{zu}} \qquad P_{ab} = \eta \cdot P_{zu} \qquad P_{zu} = \frac{P_{ab}}{\eta}$$

11.4.6 Gleichstromgeneratoren

Gleichstromgenerator mit Fremderregung

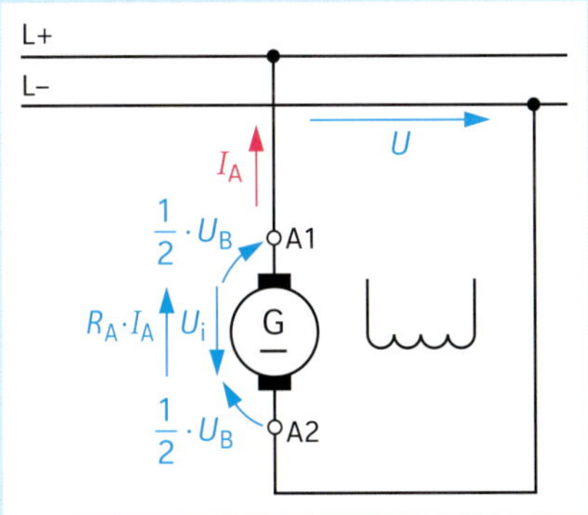

U:	Bemessungsspannung	$[U] = V$
U_i:	induzierte Spannung	$[U_i] = V$
U_B:	Bürstenspannung	$[U_B] = V$
I_A:	Ankerstromstärke	$[I_A] = A$
I:	Bemessungsstromstärke	$[I] = A$
R_A:	Widerstand der Ankerwicklung	$[R_A] = \Omega$
R_{WP}:	Widerstand der Wendepolwicklung	$[R_{WP}] = \Omega$
R_K:	Widerstand der Kompensationswicklung	$[R_K] = \Omega$

Bemessungsspannung:

$$U = U_i - U_B - I_A \cdot R_A$$

$$U_i = U + U_B + I_A \cdot R_A \qquad I_A = \frac{U_i - U_B - U}{R_A}$$

$$U_B = U_i - U - I_A \cdot R_A \qquad R_A = \frac{U_i - U_B - U}{I_A}$$

mit Wendepol- und Kompensationswicklung:

$$U = U_i - U_B - I_A \cdot (R_A + R_{WP} + R_K)$$

$$U_i = U + U_B + I_A \cdot (R_A + R_{WP} + R_K)$$

$$U_B = U_i - U - I_A \cdot (R_A + R_{WP} + R_K)$$

$$I_A = \frac{U_i - U_B - U}{R_A + R_{WP} + R_K}$$

$$R_A = \frac{U_i - U_B - U}{I_A} - R_{WP} - R_K$$

Bemessungsstrom:

$$I = I_A$$

Gleichstromgenerator mit Reihenschlusserregung

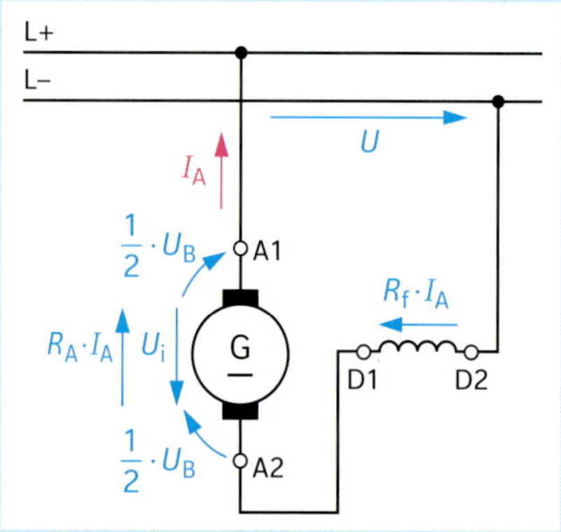

Bemessungsspannung:

$$U = U_i - U_B - I_A \cdot (R_A + R_f)$$

$U_i = U + U_B + I_A \cdot (R_A + R_f)$ $\quad I_A = \dfrac{U_i - U_B - U}{R_A + R_f}$

$U_B = U_i - U - I_A \cdot (R_A + R_f)$ $\quad R_A = \dfrac{U_i - U_B - U}{I_A} - R_f$

mit Wendepol- und Kompensationswinkel:

$$U = U_i - U_B - I_A \cdot (R_A + R_f + R_{WP} + R_K)$$

Bemessungsstrom:

$$I = I_A$$

Gleichstromgenerator mit Nebenschlusserregung

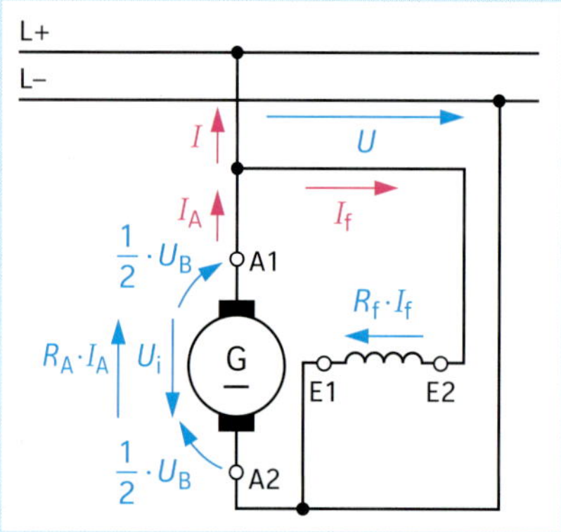

U:	Bemessungsspannung	$[U]$	= V
U_i:	induzierte Spannung	$[U_i]$	= V
U_B:	Bürstenspannung	$[U_B]$	= V
I_A:	Ankerstromstärke	$[I_A]$	= A
I_f:	Erregerstrom	$[I_f]$	= A
I:	Bemessungsstromstärke	$[I]$	= A
R_A:	Widerstand der Ankerwicklung	$[R_A]$	= Ω
R_f:	Widerstand der Erregerwicklung	$[R_f]$	= Ω
R_{WP}:	Widerstand der Wendepolwicklung	$[R_{WP}]$	= Ω
R_K:	Widerstand der Kompensationswicklung	$[R_K]$	= Ω

Betriebsfall:

$$I = I_A - I_f$$

$I_A = I + I_f$ $\quad I_f = I_A - I$

$$U = R_f \cdot I_f$$

$I_f = \dfrac{U}{R_f}$ $\quad R_f = \dfrac{U}{I_f}$

$$U = U_i - U_B - I_A \cdot R_A$$

$U_i = U + U_B + I_A \cdot R_A$ $\quad I_A = \dfrac{U_i - U_B - U}{R_A}$

$U_B = U_i - U - I_A \cdot R_A$ $\quad R_A = \dfrac{U_i - U_B - U}{I_A}$

mit Wendepol- und Kompensationswicklung:

$$U = U_i - U_B - I_A \cdot (R_A + R_{WP} + R_K)$$

$U_i = U + U_B + I_A \cdot (R_A + R_{WP} + R_K)$

$U_B = U_i - U - I_A \cdot (R_A + R_{WP} + R_K)$

$I_A = \dfrac{U_i - U_B - U}{R_A + R_{WP} + R_K}$

$R_A = \dfrac{U_i - U_B - U}{I_A} - R_{WP} - R_K$

Bemessungsstrom:

$$I = I_A$$

11.5 Einphasen-Wechselstrommotoren

11.5.1 Leistung und Wirkungsgrad

S: Scheinleistung $[S]$ = VA
U: Bemessungsspannung $[U]$ = V
I: Gesamtstromstärke der Maschine $[I]$ = A
Q: Blindleistung $[Q]$ = var
$\sin \varphi$: Blindleistungsfaktor
P_{ab}: abgegebene Leistung (mechanisch) $[P_{ab}]$ = W
P_{zu}: aufgenommene Leistung (elektrisch) $[P_{zu}]$ = W
n: Läuferdrehfrequenz $[n] = \frac{1}{s}$
M: Drehmoment $[M]$ = Nm

$\cos \varphi$: Wirkleistungsfaktor
η: Wirkungsgrad

Leistungen:

$$S = U \cdot I \qquad U = \frac{S}{I} \qquad I = \frac{S}{U}$$

$$Q = U \cdot I \cdot \sin \varphi \qquad U = \frac{Q}{I \cdot \sin \varphi} \qquad \sin \varphi = \frac{Q}{U \cdot I} \qquad I = \frac{Q}{U \cdot \sin \varphi}$$

$$P_{ab} = 2 \cdot \pi \cdot n \cdot M \qquad n = \frac{P_{ab}}{2 \cdot \pi \cdot M} \qquad M = \frac{P_{ab}}{2 \cdot \pi \cdot n}$$

$$P_{zu} = U \cdot I \cdot \cos \varphi \qquad U = \frac{P_{zu}}{I \cdot \cos \varphi} \qquad \cos \varphi = \frac{P_{zu}}{U \cdot I} \qquad I = \frac{P_{zu}}{U \cdot \cos \varphi}$$

Wirkungsgrad:

$$\eta = \frac{P_{ab}}{P_{zu}} \qquad P_{ab} = \eta \cdot P_{zu} \qquad P_{zu} = \frac{P_{ab}}{\eta}$$

11.5.2 Kondensatormotor

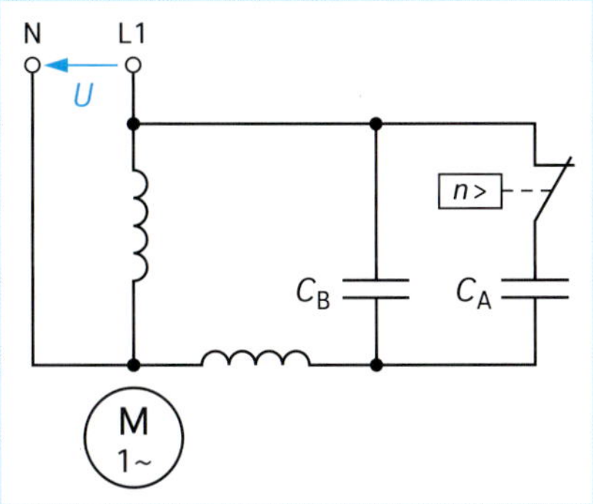

Q_{CB}: Blindleistung des Betriebskondensators $[Q_{CB}]$ = var
P_{ab}: abgegebene Leistung (mechanisch) $[P_{ab}]$ = W
C_B: Kapazität des Betriebskondensators $[C_B]$ = F
f: Frequenz $[f]$ = Hz
U: Bemessungsspannung $[U]$ = V
C_A: Kapazität des Anlaufkondensators $[C_A]$ = F
U_C: Kondensatorbemessungsspannung $[U_C]$ = V

Blindleistung des Betriebskondensators:

$$Q_{CB} = 1{,}3\,\frac{\text{var}}{\text{W}} \cdot P_{ab} \qquad P_{ab} = \frac{Q_{CB}}{1{,}3\,\frac{\text{var}}{\text{W}}}$$

Betriebskondensator / Anlaufkondensator:

$$C_B = \frac{Q_{CB}}{2 \cdot \pi \cdot f \cdot U^2} \qquad Q_{CB} = C_B \cdot 2 \cdot \pi \cdot f \cdot U^2 \qquad U = \sqrt{\frac{Q_{CB}}{2 \cdot \pi \cdot f \cdot C_B}} \qquad f = \frac{Q_{CB}}{2 \cdot \pi \cdot C_B \cdot U^2}$$

$$C_A = 3 \cdot C_B \qquad C_B = \frac{C_A}{3}$$

Bemessungsspannung des Kondensators:

$$U_C = 1{,}35 \cdot U \qquad U = \frac{U_C}{1{,}35}$$

11.5.3 Universalmotor

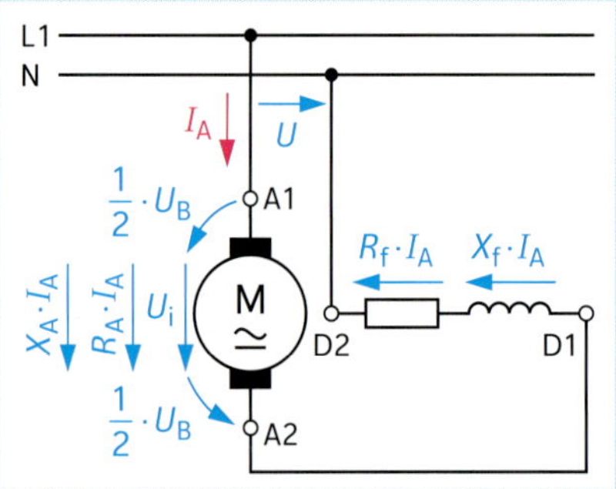

U: Bemessungsspannung $[U] = \text{V}$
U_i: induzierte Spannung $[U_i] = \text{V}$
U_B: Bürstenspannung $[U_B] = \text{V}$
I_A: Ankerstromstärke $[I_A] = \text{A}$
R_A: Widerstand der Ankerwicklung $[R_A] = \Omega$
R_f: Widerstand der Erregerwicklung $[R_f] = \Omega$
X_A: Induktiver Anteil der Ankerwicklung $[X_A] = \Omega$
X_f: Induktiver Anteil der Erregerwicklung $[X_f] = \Omega$

Bemessungsspannung:

$$U = \sqrt{[I_A \cdot (R_A + R_f) + U_i + U_B]^2 + [I_A \cdot (X_A + X_f)]^2}$$

11.6 Schrittmotor

Zweisträngiger Schrittmotor mit zweipoligem Läufer ($m = 2$; $p = 1$)

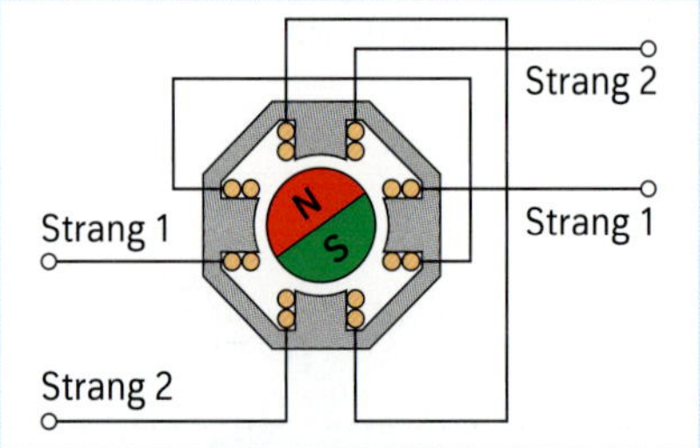

z: Anzahl der Schritte pro Umdrehung
p: Polpaarzahl des Läufers
m: Strangzahl (Phasenzahl)
d: Mikroschritt-Divisor
α: Schrittwinkel
n: Umdrehungsfrequenz $[n] = \frac{1}{\text{s}}$
f: Impulsfrequenz $[f] = \text{Hz}$

Vollschrittbetrieb:

$$z = 2 \cdot p \cdot m \qquad p = \frac{z}{2 \cdot m} \qquad m = \frac{z}{2 \cdot p}$$

Halbschrittbetrieb:

$$z = 4 \cdot p \cdot m \qquad p = \frac{z}{4 \cdot m} \qquad m = \frac{z}{4 \cdot p}$$

Mikroschrittbetrieb:

$$z = 2 \cdot d \cdot p \cdot m \qquad p = \frac{z}{2 \cdot d \cdot m} \qquad m = \frac{z}{2 \cdot d \cdot p} \qquad d = \frac{z}{2 \cdot p \cdot m}$$

Schrittwinkel:

$$\alpha = \frac{360°}{z} \qquad z = \frac{360°}{\alpha}$$

Umdrehungsfrequenz:

$$n = \frac{f}{z} \qquad f = n \cdot z \qquad z = \frac{f}{n}$$

11.7 Linearmotor

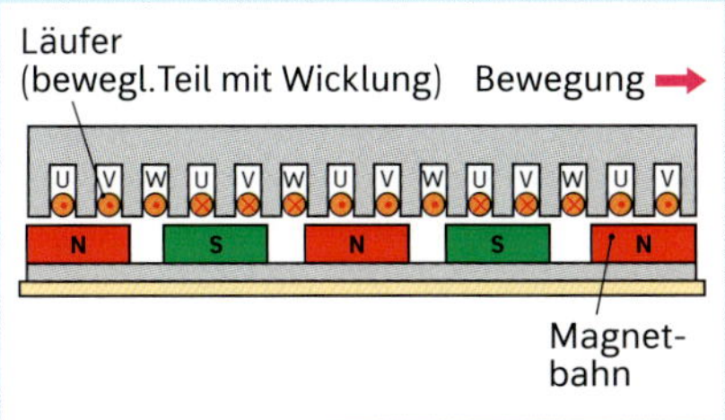

v_S:	Synchrone Wanderfeldgeschwindigkeit	$[v_S]$	$= \frac{m}{s}$
τ_p:	Polteilung	$[\tau_p]$	$= m$
f:	Frequenz	$[f]$	$= Hz$
F:	Antriebskraft	$[F]$	$= N$
k_F:	Kraftkonstante	$[k_F]$	$= \frac{N}{A}$
I:	Stromstärke in der Motorwicklung	$[I]$	$= A$
m_{ges}:	Masse (Läufer + Werkstück)	$[m_{ges}]$	$= kg$
a:	Beschleunigung	$[a]$	$= \frac{m}{s^2}$
v:	Geschwindigkeit	$[v]$	$= \frac{m}{s}$
s:	Strecke	$[s]$	$= m$
t:	Zeit	$[t]$	$= s$
v_0:	Anfangsgeschwindigkeit	$[v_0]$	$= \frac{m}{s}$
Δv:	Geschwindigkeitsänderung	$[\Delta v]$	$= \frac{m}{s}$
Δt:	Zeitänderung	$[\Delta t]$	$= s$

Synchrone Wanderfeldgeschwindigkeit:

$$v_S = 3 \cdot \tau_p \cdot f \qquad \tau_p = \frac{v_S}{3 \cdot f} \qquad f = \frac{v_S}{3 \cdot \tau_p}$$

Antriebskraft:

$$F = k_F \cdot I \qquad k_F = \frac{F}{I} \qquad I = \frac{F}{k_F}$$

$$F = m_{ges} \cdot a \qquad m_{ges} = \frac{F}{a} \qquad a = \frac{F}{m_{ges}}$$

Geschwindigkeit:

$$v = a \cdot t \qquad a = \frac{v}{t} \qquad t = \frac{v}{a}$$

Beschleunigung:

$$a = \frac{\Delta v}{\Delta t} \qquad \Delta v = a \cdot \Delta t \qquad \Delta t = \frac{\Delta v}{a}$$

Wegstrecke bei konstanter Geschwindigkeit:

$$s = v \cdot t \qquad v = \frac{s}{t} \qquad t = \frac{s}{v}$$

Wegstrecke bei konstanter Beschleunigung:

$$s = \frac{1}{2} \cdot a \cdot t^2 + v_0 \cdot t \qquad a = \frac{2 \cdot (s - v_0 \cdot t)}{t^2}$$

$$v_0 = \frac{s - \frac{1}{2} \cdot a \cdot t^2}{t} \qquad t_{1,2} = \frac{-v_0 \pm \sqrt{v_0^2 - 2 \cdot a \cdot s}}{a}$$

Sachwortverzeichnis

T

U

V

W

Z

Bildquellenverzeichnis

|Lithos, Wolfenbüttel: 8.1, 8.2, 8.3, 9.1, 9.2, 9.3, 10.1, 10.2, 11.1, 11.2, 11.3, 12.1, 12.2, 12.3, 13.1, 13.2, 14.1, 14.2, 14.3, 15.1, 16.1, 16.2, 17.1, 17.2, 18.1, 18.2, 19.1, 19.2, 20.1, 20.2, 21.1, 21.2, 23.1, 24.1, 24.2, 25.1, 25.2, 26.1, 27.1, 27.2, 29.1, 29.2, 30.1, 30.2, 30.3, 30.4, 31.1, 31.2, 32.1, 33.1, 34.1, 34.2, 35.1, 35.2, 35.3, 36.1, 36.2, 36.3, 36.4, 38.1, 38.2, 38.3, 38.4, 38.5, 38.6, 38.7, 38.8, 38.9, 38.10, 38.11, 38.12, 38.13, 38.14, 38.15, 38.16, 38.17, 38.18, 38.19, 38.20, 38.21, 39.1, 39.2, 39.3, 39.4, 39.5, 40.1, 40.2, 41.1, 41.2, 42.1, 42.2, 43.1, 43.2, 44.1, 44.2, 45.1, 45.2, 45.3, 46.1, 46.2, 46.3, 47.1, 47.2, 47.3, 48.1, 48.2, 48.3, 49.1, 49.2, 49.3, 50.1, 50.2, 50.3, 51.1, 51.2, 52.1, 52.2, 52.3, 53.1, 53.2, 53.3, 54.1, 54.2, 55.1, 56.1, 56.2, 57.1, 57.2, 58.1, 58.2, 58.3, 59.1, 60.1, 60.2, 60.3, 60.4, 60.5, 60.6, 60.7, 60.8, 60.9, 61.1, 61.2, 62.1, 63.1, 63.2, 64.1, 64.2, 65.1, 65.2, 66.1, 66.2, 67.1, 67.2, 68.1, 68.2, 68.3, 69.1, 69.2, 70.1, 70.2, 71.1, 71.2, 72.1, 72.2, 72.3, 73.1, 73.2, 73.3, 73.4, 74.1, 74.2, 75.1, 76.1, 77.1, 78.1, 78.2, 81.1, 81.2, 82.1, 82.2, 84.1, 85.1, 85.2, 86.1, 86.2, 87.1, 87.2, 88.1, 90.1, 90.2, 90.3, 90.4, 90.5, 90.6, 90.7, 90.8, 90.9, 90.10, 90.11, 91.1, 91.2, 92.1, 92.2, 92.3, 93.1, 93.2, 94.1, 96.1, 97.1, 98.1, 99.1, 100.1, 100.2, 101.1, 102.1, 102.2, 103.1. |Shutterstock.com, New York: Caetano, Carlos Titel.